中华文化元素
ZHONGHUA WENHUA YUANSU

冯天瑜　姚伟钧　主编

服饰
FUSHI

张志云　著

長春出版社
国　家　一　级　出　版　社
全国百佳图书出版单位

图书在版编目（CIP）数据

服饰 / 张志云著. — 长春 ：长春出版社，2016.12（2020.1 重印）
（中华文化元素丛书 / 冯天瑜，姚伟钧主编）
ISBN 978-7-5445-4683-6

Ⅰ. ①服… Ⅱ. ①张… Ⅲ. ①服饰文化—中国 Ⅳ. ①TS941.742.2

中国版本图书馆 CIP 数据核字（2016）第 282226 号

服　　饰

著　　者：张志云
责任编辑：齐秀娟　胡　新
封面设计：王国擎

出　　版：長春出版社　　总编室电话：0431-88563443
地　　址：吉林省长春市建设街 1377 号　　发行部电话：0431-88561180
邮　　编：130061
网　　址：http://www.cccbs.net
制　　版：长春出版社美术设计制作中心
印　　刷：长春天行健印刷有限公司

开　　本：787 毫米 ×1092 毫米　1/16
字　　数：139 千字
印　　张：16.5
版　　次：2016 年 12 月第 1 版
印　　次：2020 年 1 月第 2 次印刷
定　　价：58.00 元

总　序

一

由别具慧眼的长春出版社策划的本丛书，以蕴含中华文化元素的诸事象为描述对象，试图昭显中华文化的特质、流变和前行方向。

“元”意谓本源、本根，“素”意谓未被分割的基本质素，合为二字词“元素”，原为化学术语，本义是具有相同核电荷数（即相同质子数）的同一类原子的总称，如非金属元素氧（O）、金属元素铁（Fe），是组成具体自然物——氧化铁（Fe_2O_3）的基本质素。

作为化学术语的汉字词“元素”，由日本江户时代的兰学家宇田川榕庵（1798—1845）在所著《植学启原》(1834)和所译《舍密开宗》(1837)

中创制，是对荷兰语 grondstof 的意译。清末来华的美国长老派传教士丁韪良（1827—1916）在《格物入门》（1868）中创汉字词“原质”，意译同一西洋术语（英文为 element）。清末民初，汉字词“元素”自日本传入中国，逐渐取代“原质”。1915 年，中国科学社董事会会长任鸿隽（1886—1961）在《科学》杂志第一卷第二号上发表《化学元素命名说》，为中国较早使用“元素”一词的案例。①

在现代语用实践中，“元素”这一自然科学术语被广为借用，泛指构成事物的基元，这些基元及其组合方式决定事物的属性。“文化元素”指历史上形成并演化着的诸文化事象中蕴藏的富于特色、决定文化性质的构成要素。

本丛书论涉的“中华文化元素”，约指中华民族在千百年的历史进程中（包括在与外域文化的交融中）铸造的具有中国气派、中国风格、中国韵味的基本质素，诸如阴阳和谐、五行相生相克、家国天下情怀、民本思想、忧患意识、经验理性导引下的理论与技术、儒释道三教共弘的非排他性信仰系统、区别于拼音文字的形义文字及其汉字文化，等等。它们生长发育于中华民族生活方式、思维方式的运行之间，蕴藏于器物文化、制度文化、行为文化（风俗习惯）和观念文化的

①聂长顺，肖桂田：《近代化学术语元素之厘定》，《武汉大学学报》（人文科学版）2010 年第 6 期。

纷繁具象之中，并为海内外华人所认同。

二

文化的各个不同级次、不同门类包含着各具个性的中华元素。如水墨画的书画同源、墨分五色，武术的技艺合一、刚柔相济、讲究武德，园林的天然雅趣和“可居可游可赏”追求，民间风俗文化涵泳的吉祥、灵动、热烈、圆满，建筑中使用“中国红”（体现生命张力）、中轴线、对称与不对称美感，等等。

汉字及汉字文化是中华元素的一个案例。

世界各种文字都是从象形文字进化而来，多数文字从象形走向拼音，而汉字则从象形走向表意与表音相结合的“意音文字”，近有学者将汉字归为“拼义文字”，即注重语义拼合的文字：首先创造多个视觉符号作为表达万象世界的基本概念，然后将这些符号组合起来，用小的意义单位拼合成大的意义单位，表达新事物、新概念。[①]

自成一格的汉字创发于中国，是世界上仅存的生命力盎然的古文字，它主要传播于东亚，成为东亚诸国间物质文化、制度文化和精神文化互动的语文载体。在古代，中国长期是朝鲜、

①张学新:《汉字拼义理论：心理学对汉字本质的新定性》,《华南师范大学学报》(社会科学版)2011 年第 4 期。

日本等东亚国家的文化供给源地；至近代，日本以汉字译介西方文化，成效卓异，日制汉字词中国多有引入。汉字在汉字文化圈诸国所起的作用，相当于拉丁文在欧洲诸国所起的作用，故有学者将汉字称为“东亚的拉丁文”。汉字是中华文化系统中影响最为深远广大的文化符号。

20世纪初，日本学者内藤湖南（1866—1934）提出“中国文化圈”概念，指以中国为文化源及受中国文化影响的东亚地区，日本是“中国文化圈的一员”，他在《中国上古史》中说：“所谓的东洋史，就是中国文化发展的历史”，是以汉字为载体的中国文化在东亚地区传播的历史。[①]此论阐发了汉字这一中华元素在东亚文化圈的重要意义。

中国人在20世纪30年代即对日本学者提出的东洋文化史观做出回应，傅斯年（1896—1950）在1933年著《夷夏东西说》，概括东亚文化的特别成分：

> 汉字、儒教、教育制度、律令制、佛教、技术。[②]

这是中国学者对东亚文化圈的要素即“中华元素”做出的提取。

承袭内藤说，日本的中国史学家西嶋定生

①[日]内藤湖南：《中国上古史》，《内藤湖南全集》卷十，东京：筑摩书房，1997年。
②傅斯年：《夷夏东西说》，《中央研究院历史语言研究所集刊》外编第一种，1933年。

（1919—1988）在二战后所著《东亚世界与册封体制——6—8 世纪的东亚》中指出，东亚世界存在一个以中国为册封中心，周边诸国（日本、朝鲜）为册封对象的"册封体制"，从而提出东亚地区的一种"文化圈"模型。西嶋定生在《东亚世界的形成》中概括汉字文化圈的诸要素（或称"中华元素"）：

> 一、汉字文化，二、儒教，三、律令制，四、佛教等四项。其中，汉字文化是中国创造的文字，但汉字不只使用于中国，也传到与其语言有别又还不知使用文字的邻近诸民族……而其他三项，即儒教、律令制、佛教，也都以汉字作为媒介，在这个世界里扩大起来。①

1985 年，法国汉学家汪德迈在《新汉文化圈》一书中论述"汉文化圈"的特点：

> 它不同于印度教、伊斯兰教各国，内聚力来自宗教的力量；它又不同于拉丁语系或盎格鲁－撒克逊语系各国，由共同的母语派生出各国的民族语言，这一区域的共同文化根基源自萌生于中国而通用于四邻的汉字。②

①［日］西嶋定生：《东亚世界的形成》，参见刘俊文主编，高明士等译：《日本学者研究中国史论著选译》第二卷，中华书局 1993 年，第 88 页。

②［法］汪德迈：《新汉文化圈》，陈彦译，江西人民出版社 1993 年，第 1 页。

这里着重表述“中华元素”之一种——汉字的功能，汉字深刻影响东亚人的思维方式和表达方式，使汉字文化圈成为一个有着强劲生命活力的文化存在。

三

“中华元素”并非凝固不变、自我封闭的系统，它具有历史承袭性、稳定性，因而是经典的；具有随时推衍的变异性、革命性，因而又是时代的，2008 年北京奥运会开幕式表演突显四大发明，2010 年上海世博会中国馆采用中国红，皆为古老的中华元素的现代展现；中华元素是在世界视野观照下、在与外域元素（如英国元素、印度元素、日本元素、印第安元素）相比较中得以昭显的，故是民族的也是国际的，是中国的也是世界的。美国好莱坞动画片《功夫熊猫》《花木兰》演绎中华元素并获得成功，便是一个例证。

文化元素并非游离于文化事象之外的神秘存在，它们从来都与民族、民俗、民间的文化实践相共生，始终附丽并体现于器物、制度、风俗诸方面的具体文化事象和文化符号之中。中华元素之于文化事象，如魂之附体，影之随形，须臾不可分离。从诸文化事象（如江南园林、八大菜系、春节中秋等节庆、书画篆刻、昆曲京剧、武当少林功夫）的生动展现中提取中华元素的魂魄，昭显大众喜闻乐见的文化符号（如深蕴和谐精义的太极八卦图，代表四方、四季的“四灵”——青龙、白虎、朱雀、玄武，代表中央的麒麟）包蕴的精义，是本丛书的使命。

本丛书由阐发体现中华元素的若干文化事象（如园林、饮食、节庆、书画、宫殿、戏曲、服饰、汉字、武术、钱币、宗族、书院、姓名、茶等）的系列作品组成。

中华元素是构建当代中国文化及其核心价值体系的基本成分之一，是塑造国家形象、提升国民精神的重要资源。开掘并弘扬中华元素，有助于加深中国文化对国人的感召力、亲和力，增强历史敬畏感和时代使命感，提升民族自信心和文化传承创新的自觉性。

抉发中华元素还有一层意义：通过蕴藏中华元素的文化事象、文化符号，彰显可亲可敬的中国风格，奉献给异域受众，增进国际传播，推动中国文化“走出去”。

本丛书的选题及其撰写沿着“即器即道”的文化史路数，避免一味虚玄论道，也不停留于文化现象的就事论事，而追求道器结合——于形下之器透现形上之道，又让形上之道坐实于形下之器，使中华元素从文化事象娓娓道来的展示中得以昭显。

冯天瑜
2016 年 10 月
于武汉大学中国传统文化研究中心

前　言

服饰指服装及各种人体装饰，主要包括冠帽、发式、妆饰、衣服、裤裳、鞋履、饰物等。服饰是人类文明重要的组成部分，它伴随着人类文明的起源而诞生，因人类文明的发展而完善。服饰作为一种文化符号，深刻地反映了一个国家或民族在物质文明和精神文明方面所能达到的深度与广度。

中国服饰的发展可以分为古代、近代、现代三大时段。中国古代服饰即中国传统服饰，指的是有史以来一直到辛亥革命推翻清王朝统治这一漫长历史时期的服饰，它是本书所讨论的主题。

中国传统服饰有着悠久的历史，在数千年的发展演变中，形成了具有中国气派的、体现着中华民族独特神韵、博大精深的服饰文化遗产。中国传统服饰在世界服饰领域中独树一帜，并对丰富世界服饰文化做出了卓越贡献。

中国历朝历代的服饰，记录着历史和社会生活，反映着民俗风情和社会制度，承载着审美观念和民族精神，如同一部形象鲜活的“历史文化百科全书”。

唐代孔颖达在解释何谓“华夏”时曾说：“中国有礼仪之大，故称夏；有服章之美，谓之华。”“衣冠上国”“礼仪之邦”等是人们描述中华文明时最常见的词语，那么如何理解中国乃“衣冠上国”？

首先说“衣冠”。“衣冠”的字面含义指衣帽，或泛指衣着、穿戴。但古代“衣冠”，还有其特殊含义。按照古礼，古代士以上阶层到20岁行“冠礼”（成人礼）才可用冠，戴冠是贵族身份的标志，也是男子成年的标志。《说文解字》解释“冠”时说：“冠，豢也。所以豢发，弁冕之总名也。从冖，从元，元亦声。冠有法制，从寸。”可见“衣冠”在古代，不是个人偏好问题，而是有规矩、有“法制”的社会行为规范。因此，所谓“衣冠”，通常指的是士以上阶层按身份穿戴的冠服。如《管子·形势》：“言辞信，动作庄，衣冠正，则臣下肃。”再如《论语·尧曰》：“君子正其衣冠，尊其瞻视，俨然人望而畏之，斯不亦威而不猛乎？”都是这层含义。由此而引申，“衣冠”代称缙绅、士大夫。如《汉书·杜钦传》：“茂陵杜邺与钦同姓字，俱以才能称京师，故衣冠谓钦为‘盲杜子夏’以相别。”颜师古注：“衣冠谓士大夫也。”又如唐代李白《登金陵凤凰台》诗：“吴宫花草埋幽径，晋代衣冠成古丘。”

中国历史上有“衣冠南渡”之说，反映了这一段历史事件：西晋晋怀帝、晋愍帝时期中原地区大规模战争不断，内徙的周边部族相继建立君主制政权，强大起来威胁到西晋政权，并最终酿成永嘉之祸，中央朝廷受到威胁。晋建武年间，晋元帝率中原汉族臣民从京师洛阳南渡，史称“永嘉之乱，衣冠南渡”，这是中原汉人第一次大规模南迁。因为当时随晋室南迁的尽是巨家大户、官宦士绅，故有“衣冠南渡”之谓。又因当时中原是华夏文明的中心，比南方更优越，衣冠南渡即是中原文明南迁，故这里的“衣冠”还有另一层含义：指礼教和文明。用“衣冠”来代指华夏的文明礼教，在典籍里非常普遍，如《宋史·胡铨传》：“秦桧，大国之相也，反驱衣冠之俗，而为左衽之乡。”这里“衣冠之俗”指汉族的礼教文明，“左衽之乡”指四夷相对落后的习俗。再如清俞正燮《癸巳类稿·诵佛经说下》：“知大地之广，则能敬佛；知圣王之道，行于衣冠文物之邦，则不为怪谬之谬，谓三教同源。”

从“衣冠”派生出的相关词语和成语还很多，再举两例，如“衣冠扫地”，谓士大夫不顾名节，丧尽廉耻。宋文天祥《留远亭》诗序：“衣冠扫地，殊不可忍！”再如“衣冠盛事”，指仕宦之家为人称羡的美事。宋欧阳修《供备库副使王道卿可西京左藏库副使制》：“近至于唐，将相之后能以勋名自继其家者亦众，秉笔者记之，号称衣冠盛事。”可见“衣冠”在中国文化中具有丰富的内涵。

中国古代衣冠历史之悠久，体系之庞大，在世界上首屈一指、无可匹敌，故“衣冠王国”的说法，可谓当仁不让。自“黄帝、尧、舜垂衣裳而天下治”到清末，中国衣冠服饰从内容到形式，无论是衣料、纺织与缝纫工艺、印染技术、图案纹饰、服色、款式造型，还是服饰等级制度、服饰礼俗、服饰审美艺术等，真正是气象万千，博大精深，不可胜数。在这样一个长的历史时段里，中国的服饰虽然代有所变，但基本形制变化较少，其延续性与稳定性都很突出，最终形成一个庞大的体系。在不甚了解其中具体细节的外国人看来，中国的服饰差不多是不变的。①所以伏尔泰《风俗论》说：“（中华帝国）这个国家已有4000多年光辉灿烂的历史，其法律、风尚、语言乃至服饰都一直没有明显变化。”现代史学大家布罗代尔也认为中国社会基本上处于停滞状态，服装这顶面具延续若干世纪保持不变。中国衣冠服饰具有明显的历史承袭性和稳定性，中国服饰及其文化因此而厚重，被称为“衣冠上国”顺理而成章。

“衣冠上国”之说，主要是对中原华夏汉族的

① 诸葛铠：《文明的轮回：中国服饰文化的历程》，北京：中国纺织出版社，2007年，第5页。

服饰而言，其内涵既包括生产方式、社会制度、哲学思想和物质文化等方面，也包括规范化的衣冠服饰。当中原服饰已形成制度时，周边民族的服饰相对比较落后，故有华夷之别，曰："东方曰夷，被（披）发文身，有不火食者矣；南方曰蛮，雕题交趾，有不火食者矣；西方曰戎，被（披）发衣皮，有不粒食者矣；北方曰狄，衣羽毛穴居，有不粒食者矣。"（《礼记·王制》）华夏汉族居于中原，为文明中心，以衣冠文物礼仪为标志，四夷或披发文身，或衣羽毛，尚未开化受教。如果四夷接受衣冠礼仪之教，则化为华夏之族。华夷之辨主要以文化礼仪的有无为标准。在民族融合的过程中，中原文化和衣冠礼仪始终占据着主导地位。虽然历史上也曾多次出现胡汉服饰的交流与融合，如在战国时"赵武灵王胡服骑射"，主动吸收北方民族的服饰以改革军服，南北朝时，受北方民族的服饰的影响，南朝出现"上俭下丰"的服装样式，蒙、满两族在元、清两代入主中原，更是给汉族服饰带来巨大影响；但中原汉民族的文化始终沿着一条相对稳定的轨道发展，衣冠服饰也始终没有脱离中原汉族传统的基本形制。而华夏衣冠的影响，则不仅限于中国内部广大疆域，更是推拓扩展到整个东亚和东南亚世界，包括日本、朝鲜、越南等。正所谓"九天阊阖开宫殿，万国衣冠拜冕旒"（王维《和贾舍人早朝大明宫之作》）。

“衣冠王国”之说，还指中国传统衣冠服饰的精美华丽。这种美，即古人所谓“黼黻文绣之美”（《礼记·郊特牲》）；这种美，是“以五采（彩）彰施于五色”而作成的。我们现在常说“锦绣中华”“锦绣文章”，富丽华美的丝绸服饰正是中国传统服饰的杰出代表，也是华夏文明的重要象征。《后汉书·西南夷传》：“织成文章如绫锦。”这里“文章”的意思就是“繁杂的花纹”。又如张衡《思玄赋》：“文章奂以粲烂兮。”这里的“文章”是指“错综华美的色彩或花纹”。中国的丝织品种类繁多，而以织锦为重，色彩斑斓、工艺复杂的织锦，成为华夏衣冠的一朵奇葩。因此，不难理解人们常以“锦绣文章”“锦绣中华”来指代华夏文明。

“衣冠王国”的本质在于中国传统衣冠服饰的制度化。华夏文明的核心是礼仪文化，而礼仪文化与服制不可分，甚至可说是植根于服制的。历朝历代均宗周法汉以继承华夏衣冠为国家大事，于是有了“二十四史”中的《舆服志》，其中，对于冠服的形制、色彩、纹样和佩饰的质地、样式，无不有严格的规定。“以礼治国”和“衣冠之治”，成为历代王朝治理国家的大政方针。服制展现了中华文明的等级文化，服饰具有昭名分、辨等威、别贵贱的作用。一部中国传统服饰史，也是一部中国服饰制度发展史。

总之，服饰在中华文明中有特殊之地位，是

中华文明的代表。其源远流长、丰富多彩，令人眼花缭乱、叹为观止。中国在世界上享有“衣冠王国”的盛誉，中国传统服饰以其独特的东方神韵和悠久的历史在世界服装史上占有不可替代的重要地位。

本书分为六章，以专题的形式，分别从中国传统服饰的质料、色彩、纹饰、形制、等级制度、礼俗等多个层面展开讨论，旨在道器结合，既介绍器物，又分析制度、行为（风俗习惯）和观念，以把握其核心，揭示隐含在其中的中华文化元素。

目　录

目 录

第一章　治其麻丝 以为布帛

人生于世，衣食是基本需求。服饰作为人类生活的必需品，深受地理环境的影响。作为一种文化现象，它往往起源于人与自然环境的互动与适应。为了抵御严寒，居住在地球最北部的因纽特人穿上了毛皮兽衣；为了避免日光暴晒，居住在中亚细亚和非洲沙漠地带的民族则从头到脚把自己用白布遮盖包裹。同时，人的衣料也是取之于自然界，衣料的来源与自然环境有本质的联系。

第一节　采葛作絺绤，缉麻成缌纻

生活在黑龙江、松花江、乌苏里江流域的赫哲人，世世代代沿江倚山而居，过着渔猎生活。赫哲族早年的衣服多是用鱼皮、兽皮制成【图 1–1】，有“鱼皮部”之称。兽皮取之于山林狩猎，鱼皮取自于河流捕鱼。由于地处寒温带，冬季气候严寒，夏季凉爽宜人，故他们冬衣兽皮，夏衣鱼皮。再如我国民间的蓑衣【图 1–2】，即取自于各处常见的蓑衣草，将它们采集编织而成，其内侧较为平滑，外面为蓬草，夏季用来防雨防晒，冬季可挡风，在四季分明的气候环境下非常实用，充满了生活的智慧。《诗经・小雅・无羊》有“尔牧来思，何蓑何笠”的记述，表明了蓑衣历史的久远，直到今天，在山野乡村，还可见到这种防雨的蓑衣。

图 1–1 赫哲族鱼皮男衣
黑龙江省民族博物馆藏

衣料、色彩、款式等是构成服饰的基本要

图 1–2 民间蓑衣

素，这里先谈衣料。在上古时代，我们的祖先过着渔猎、采集的生活。从古籍记载中不难看出，当时人们只是用树叶、野草以及动物的羽毛和皮毛来遮身御寒，所谓“未有麻丝，衣其羽皮”是也。1930 年，考古工作者在北京周口店旧石器时代晚期山顶洞人生活过的遗址里，发现了一枚骨针，针长 82 毫米，最粗部分的直径为 3.1 至 3.3 毫米，针身被制作得相当圆滑，针尖也比较尖锐。这表明当时人们已经掌握了基本的缝纫技术，能利用骨针牵引线缕缝制兽皮、树叶等最初的衣料。在新石器时代，随着原始纺织技术的发展，披叶衣皮成为历史，人们开始衣麻服葛，随后是利用蚕丝，所谓“治其麻丝，以为布帛”是也。

世界纺织发展的规律，都是先从野生纤维的利用开始的，中国也是这样。中华文明基本上发祥于温带地区，上古时期气候温暖湿润，草木茂盛，山间河谷，枝条随处可见，葛藤纵横交错，麻类植物如大麻、苎麻等南北各地都有，这为上古先民提供了丰富的葛、麻类纤维资源，葛和麻也因此成为我国最早被使用的纺织衣物原料。衣麻服葛是中国人从原始野蛮迈向文明开化的重要标志之一，具有重大意义。

先民在生活中认识到这些植物纤维的属性并加以利用，经历了漫长的岁月。渔猎时代，先民在采集和渔猎过程中，逐渐懂得用荆条编结篮筐，用树皮、草茎等野生植物纤维搓制绳索，制作渔网。他们用石块不断敲打，使麻类和草茎等植物变软，然后撕裂成缕，再搓成绳和编结成网。正如古书上所说，“结绳而为网罟，以畋以渔。”在生活实践中，他们可能慢慢认识到有些野生植物的皮，如葛藤和麻类的皮，纤维细，韧性特别好，可以编结成薄而紧的网。用这种网，不仅捕鱼多，而且可以代替兽皮，穿在身上。葛和麻被选作纺织衣物原料，可能就是这样形成的。

葛藤和麻类被采集来之后，需要进行一系列工艺加工，才能纺织成布。最近几十年来，在黄河中下游的陕西、山西、河南、山东和长江下游的江苏、浙江等地的新石器时期文化遗址中，有大量石、陶纺轮【图 1–3】以及骨梭、骨针、骨锥等原始纺织工具出土，证明当时的人们已经掌握了基本纺织技术。取纤维用纺轮捻成线，用原始织机制布，用骨针缝制衣服，反映了早期纺织技术与工艺的细节以及先民高超的智慧。

我国葛、麻纤维品种很多，古代应用于衣着日用方面的有葛、大麻、苎麻、苘麻等。最初用于纺织的葛、麻都是野生的。随着人口的增加和原始纺织业的发展，纺织材料的消费量扩大，单靠野生麻、葛已不能满足需要，我们的祖先于是开始对麻、葛进行人工栽培。人工

图 1–3 陕西西安半坡出土陶纺轮
距今约 6000 年

种植葛、麻大约始于新石器时代，而普及于商周之时。

葛又名葛藤，属多年生蔓生植物，有块根，野生的葛长在气候温暖潮湿的山丘河谷。那时在南北各地山区，到处伸展着蜿蜒缠绕的葛藤，为上古居民提供了丰富的葛纤维资源。经加工分离的葛纤维，是我国古代最早用来纺织的大宗原料之一。

1972 年，江苏吴县草鞋山新石器时代遗址中发现 3 块约公元前 3400 年的葛布残片，这是中国已发现的最古老的手工织花葛布实物。由此可以推测至迟在新石器时代晚期，人们已经利用葛纤维来生产织物。

葛布是利用葛的韧皮纤维，经过一系列加工形成的。先民们先将采割下的葛藤放入水中浸煮，捞出用木棒轻捶，得到分散纤维，提取其纤维后缉绩成纱，然后再织制成粗细不同的葛布。粗的葛布称为“绤”，细的称为“絺”，比絺更细的葛布称为“绉”。《诗经 · 周南 · 葛覃》中有“为絺为绤，服之无斁”，可见人们对葛布的喜爱。葛布的特点是硬挺、凉爽，具有较好的吸湿性能，多被用来制作夏季衣料，故有“冬裘夏葛”之说。

除了用作衣料外，葛还可用来制鞋（葛屦）。“葛屦五两，冠緌双止”，“纠纠葛屦，可以履霜”，这是见于《诗经》的诗句。葛也可用来制巾（葛巾）。魏晋时期，葛巾颇为常见，陶渊明有“葛巾漉酒”的典故，讲他曾经用葛巾来滤酒，滤后又照旧戴上，体现了他真率超脱的性情。

古籍记载反映，在周代葛的种植、采集和加工纺织已成系统，官方还设有“掌葛”的官职，专门管理葛布生产。《诗经》中有不少描写种葛、采葛的诗句：“葛之覃兮，施于中谷”，“彼采葛兮，一日不见，如三月兮”。春秋战国时期，是葛生产的黄金时期，当时葛的人工栽培在我国已很普及，高质量的葛织物不仅各地都有生产，产量亦很惊人。据记载，越王勾践败于吴国后，一次献给吴王的葛布就达10万匹。汉代，东南一些地区产的葛布十分有名，据说东汉光武帝特别爱用浙江葛布（越布）。由于葛藤是多年生蔓生植物，生长周期较长，其单纤维较短，作为衣物原料，与麻类相比处于劣势，所以秦汉以后，在中原地区，麻的利用逐渐占据主导地位，葛的利用逐步边缘化，居于次要和补充的地位。但在偏僻山区和南方地区，葛的种植仍很普遍。

隋唐时期，麻类纤维作为当时社会最主要的纺织原料这一地位虽早已确立，但葛布、葛衣仍然颇有市场。如唐代大诗人李白有《黄葛篇》，写黄葛生于洛溪，抽条开花，葛条缭绕蔓长，远望绵密如青烟（“青烟蔓长条，缭绕几百尺”），闺人不辞辛劳，采集黄葛，制为暑衣，远寄他乡的丈夫。唐代杜甫曾作《端午日赐衣》，讲自己端午节这天被皇上赐予名贵的宫衣（宫人所制之衣），恩宠有加，其中就有葛衣。诗云：“细葛含风软，香罗叠雪轻”，将织得极细的葛布与香罗相提并论。

明清时期，广东增城还出产一种名叫“女儿葛”的细葛布，其纤维“细入毫芒，视若无有”，织成的布薄如“蜩蝉之翼”，是当地的一种名贵特产。

用作衣料的麻类主要包括苎麻、大麻、苘麻。

苎麻起源于中国，是中国特有的一种多年生草本植物，在国外被称作“中国草”，世界其他国家的苎麻均为从中国直接引种栽培或间接引种栽培的。苎麻雌雄同株，一年可收割3次，喜温好湿，中国南北各地皆有出产，尤以长江流域及其以南地区为多。苎麻的表皮纤维【图1-4】细长而有韧性，柔和而有光泽，剥取后经加工处理，即可成为纺织衣料。我国栽培及利用苎麻历史之悠久，可从考古发现得以证明。1988年，湖南省澧县彭头山遗址大溪文化层壕沟中出土有6000多年前的粗麻编织物。1975年，在浙江余姚河姆渡发掘一处6000年前规模相当大的新石器时代文化遗址，出土了苎麻绳索和完整的苎麻叶片。1958年，浙江省吴兴县

图 1-4 现代技术处理的白色苎麻纤维

钱山漾新石器时代出土的苎麻织物残片，表明远在 4700 多年前中国就有苎麻织物——平纹细布。用苎麻纤维织成的布，有质轻、凉爽、挺括、不粘身、透气性好等特点，特别适合夏天穿着。苎麻是商周以来中原地区除蚕丝外的主要纺织原料。在先秦典籍中，苎麻和苎麻织物一般称为“纻”。

大麻是盛产于中国南北各地的一种一年生草本植物，高可达 2 米左右，在国际上被称为“汉麻”，其表皮纤维经脱胶处理后可织成布。大麻的适应性很强，无论炎热或高寒地区都能生长。生长时雌雄异株，雄株茎秆细长，韧皮纤维产量高，质量好，早熟，雌株茎秆粗壮，韧皮纤维产量和质量较低，但种子可以榨油，晚熟。我们的祖先很早就认识到大麻这种雌雄异株的特性，把雄麻叫“枲”，剥取纤维用来纺织，雌麻叫“苴”，除将纤维用于纺织外，还采取种子以供食用。我国目前发现的较早的大麻实物遗存，是在甘肃省东乡县林家遗址出土的大麻籽，属于新石器时代马家窑文化，这说明大麻的栽培至少已有5000年的历史。而现存最早的大麻布实物，则是在河北藁城台西村商代遗址出土的麻布残片遗物。

苘麻属于锦葵科草本植物，茎皮多纤维，在我国大部分地区都有生长。苘麻茎皮纤维呈白色，有光泽，短而粗，纺纱性能远不如大麻和苎麻。我国对苘麻纤维的利用和苘麻栽培都有着悠久的历史。有研究报告说，河姆渡新石器时代文代遗址中，即有苘麻纤维织物出土。

从古籍记载来看，商周时麻已得到广泛种植，《诗经》中有不少是描写大麻栽培的，如“艺麻如之何，衡从其亩”。意思是说，麻要怎么种呢？要纵横成行。当时人们通过沤麻的方法对麻纤维进行初加工，《诗经·陈风》中有“东门之池，可以沤麻”，“东门之池，可以沤苎”等记载。周代，苎麻已被统治者作为征收赋税的重要项目之一，还设置名叫“典枲”的官员，专司麻等的生产及征收麻、纻等的纺织品。这一时期大致形成了“男耕女织”的基本分工和农户家庭经济结构，绩麻（葛）织布成为妇女的主要任务【图1–5】。

图 1–5 腰机织造示意图

春秋战国时期，为了争夺霸主地位，各国都把奖励桑麻生产、发展纺织业作为强国富民的重要措施，麻纺织有了更大的发展，出现了著名的纺织中心。在北方，以临淄为中心的齐鲁地区，土地肥沃，宜于桑麻。那里出产的布帛不仅能充分自给，而且大量输出，遍及全国，号称“冠带衣履天下”。以后直至西汉的几百年间，临淄都是我国的纺织中心。豫州地方（今河南）的大麻纺织业也很发达。在南方，长江下游地区的苎麻纺织业有了明显的发展。越王勾践为了增强国力，打败吴国，大力发展苎麻纺织生产。

春秋时期，织制精致的苎麻织品，常被统治阶级上层当作互相馈赠的贵重礼品。据《左传》记载，襄公二十九年（前 544），吴国的公子季札出使郑国，与郑国大夫子产一见如故，两人互赠礼物，季札“与之缟带，子产献纻衣”，此即所谓“缟纻之交”。秦汉以来，随着中原地区人口的增长和农业生产的发展，黄河流域的苎麻种植面积急剧扩大，苎麻织品已逐渐成为广大劳动人民的衣着原料。随着麻纺织工艺的发展，各种麻布织物不断涌现，产品丰富多彩，种类、规格齐全，精美的上等麻织物供达官显贵、有身份、有地位之人使用，如 1970 年湖南省长沙市马王堆汉墓出土的素纱禅衣，其领、袖部分均为精细苎麻织物，其精细程度可与今日府绸相媲美。而普通民众，则用粗麻布做衣料。

汉唐时期，麻类织物的名目繁多，如緆、缌、繐是用大麻织作的，缌是先练（先练麻纱）后织的细麻布，緆是先织（先织成布）后练的细麻布，繐是特别细的緆布（颜师古曰：繐，緆布之尤精者也）。纻、绘是用苎麻织作的，绘是细纻布，纻是细而白的苎麻布。麻布的纺织形成了地域特色，蜀地安汉织的“黄润布”、云南哀牢织的“阑干布”在汉代最为著名。黄润布又名“筒中女布”，以轻细见称，纱支非常纤细，据说整匹布竟能卷置于一节竹筒之内。唐代，滁、沔二州织的“麻赀”，黄州织的“纻赀”，郢、滁、舒、宣、袁等州织的“白纻”，永州织的“女子布”闻名天下。唐张籍《白纻歌》云：“皎皎白纻白且鲜，将作春衣称少年。”精细的白纻是达官贵人的衣料。宋、元以来，各地逐渐形成不同的织物品种，如浙江诸暨的“山梭布”（又名皱布），广西桂林的“苎布”，广西邕州的“练布”，广东东莞的“鱼冻布”（用苎麻纱和蚕丝交织而成），以及湖南、江西两省的“夏布”，均享誉国内外。夏布有“轻如蝉翼，薄如宣纸”，“柔软润滑，平如水镜，轻如罗绢”之誉，曾被历代列为贡布，成为皇室和达官贵族喜爱的珍品，蜚声海内外。

在元明两朝棉花栽培普遍推广以前，葛、麻织品一直是平民百姓最主要的衣着材料，当时被称作“布”的，即指这些葛、麻类织物，正如《小尔雅》的解释：“麻、纻、葛，曰布。布，通名也。”那时富贵阶层可以冬穿皮裘、夏着丝绸或精细的葛麻，而平民百姓只能用粗麻布遮体御寒，所以“布衣”也就成了平民百姓的代名词。当然，即使后来棉布普及，麻类织物也因它独特的纤维属性仍被广泛使用。如在吸湿散热方面，苎麻性能优良，非棉花所能及，因此，元明以后，苎麻在南方仍普遍种植。

第二节 采桑养蚕治丝帛

1926年，考古学家在山西夏县西阴村发掘了一个约公元前4000年的仰韶文化遗址，其中出土了半颗蚕茧。这个茧壳长约1.36厘米，宽约1.04厘米，被锐利的刀刃切去了一部分。这半颗蚕茧的出土在国内外学术界引起了轰动，因为它是我国最早的蚕桑实证，有研究认为这是一种早期的家蚕茧。1958年在浙江省湖州吴兴钱山漾遗址出土了约公元前4700多年的绢片、丝带和丝绳，考古鉴定丝织品原料是家蚕丝，这是当时所知最早的丝织物，极为珍贵。继长江流域发现最早的丝织物后，1984年，黄河流域又有新发现，在河南省荥阳县青台村仰韶文化遗址中出土了约公元前3500年的丝麻纺织品。此外，各地还出土了很多新石器时代表现蚕、蛹形象的刻画或雕刻【图1–6】。这些出土文物和相关研究都表明：我国蚕业的源头，时间下限在新石器时代晚期，距今至少在5500年以上，黄河流域、长江流域都曾是蚕桑丝织的主要发源地。

在人类早期文化形态中，利用植物纤维进行纺织非常普遍，我国的先民们利用葛、麻来纺衣织布，从世界的角度来说也许并不神奇。真正神奇的是丝绸，它是智慧的先民所创造的一项世界奇迹，是中华民族对世界服饰文明独有的贡献。

中国是世界蚕丝业的发源地，是世界上最早养蚕和治丝的国家，并且在一个相当长的时

图1-6 浙江余姚河姆渡新石器时代遗址出土雕刻有四条蚕纹的象牙盅

期内，是唯一养蚕取丝织帛的国家，曾以“丝国”闻名于世。我国传统的、高水平的蚕织技术，对世界纺织技术产生过相当深远的影响。

在所有天然纺织纤维中，蚕丝最长，有良好的韧性、弹性，纤细、柔软、光滑、有光泽，具有许多优良纺织特性，是一种十分理想、贵重、高级的纺织原料。没有人确切地知道，上古人们是怎么发现蚕丝，并用以纺织的。中国古代关于丝绸起源的传说很多，有两种传说最为典型：一种传说是伏羲氏化蚕桑为绵帛；另一种传说是西陵氏之女，黄帝的元妃嫘祖，始教民育蚕治丝，以供衣服。由于蚕丝生产起源很早，对人民生活影响很大，是华夏文明的重要象征，把它推为华夏始祖的创造发明顺理成章；又因为育蚕治丝主要是妇女的工作，将黄帝元妃嫘祖尊为发明人，也合情合理。

还有一种是在民间流传甚广的“蚕马”和蚕女马头娘的传说：一个少女的父亲被邻人劫走，只留下了乘马。少女的母亲说，谁能将其找回，就将女儿许配给谁。结果那匹马闻言脱缰而去，真的将父亲接回来了。母亲却忘了自己的许诺。马整日嘶鸣，不肯饮食。父亲知道原委后非常愤怒，认为马不该有此妄想，一怒之下将马杀了，晒皮于庭中。有一天，少女由此经过，马皮卷上少女飞上桑树，变作了蚕，从此这位少女就被民间奉为蚕神。

丝绸业的最初发生也许有它的偶然性。有人推测，先民或许为了吃蚕蛹才把茧层扯开，从而发现了蚕丝的纤维性能，或许是野生的茧子在风吹雨打之中自动解体，露出了细丝纤维从而被人们发现。然后经历过极其漫长的岁月，在植桑、养蚕、缫丝、织造等各个环节上都取得了突破，才形成了这项伟大发明。

自新石器时代晚期开始利用蚕丝后，蚕桑业在商周时已发展为非常重要的产业。商代的甲骨文，有很多与蚕、桑、丝相关的文字和问询蚕事的卜辞。周代有“亲蚕”的祀典，每年春季养蚕之前都要祭祀，由王后率领命妇参加养蚕典礼。周代还设有专职机构“典丝”来掌管丝绸原料的征集、收藏和加工。当时桑树的种植非常普遍,《诗经》中有不少采桑的文字。《豳风·七月》中：“春日载阳，有鸣仓庚。女执懿筐，遵彼微行，爰求柔桑。”《大雅·桑柔》中也提到：“菀彼桑柔，其下侯旬，捋采其刘。”《魏风·十亩之间》中写道：“十亩之间兮，桑者闲闲兮，行与子还兮；十亩之外兮，桑者泄泄兮，行与子逝兮。”描写的是一片繁忙的采桑景象。家蚕的人工饲养方法已比较成熟，不仅有专门的蚕室，还有一套专门的蚕具。周代蚕室一般建立于近水之旁，以利于温度和湿度的自然调节。蚕茧采下后，还需缫丝以成丝线，当时热水缫丝开始逐渐普及。

与葛麻相比，丝绸纺织无疑难度大得多，丝帛的价值也昂贵得多。因此，早期丝绸的利用并不以日常服用为主要目的，更多被用于祭祀与丧葬。从考古文物可以看出，当时贵族阶层的随葬玉器、青铜器上经常以丝绸包裹，来显示他们的身份等级和经济实力。殷墟妇好墓中，有50多件青铜礼器表面附有织物，其中约40件是丝织物。1978年12月，在福建省崇安武夷山莲花峰白崖船棺中出土了丝质衣服，其时代约在夏商代之间。周朝王、后等的朝服及祭丧大典之服用丝帛制成，周王也常用丝绸来赏赐有功之臣。

由于丝绸在经济生活中占有重要地位，春秋战国以来，各国统治者都把加强蚕桑生产作为富国裕民之策，坚持农桑并举、耕织并重【图1-7】，劝导人民努力蚕桑。至战国末期，无论是养蚕缫丝的技术，还是丝绸纺织技术，都有了极大的发展，各种提花织机被广泛利用，这使得丝绸产量大幅度增加，丝绸产品除了能满足贵族的日常需要，还有了大量剩余，使它作为商品进入市场流通。丝绸被当作衣料使用，变得逐渐普及。

战国时期，丝绸品种逐渐丰富。1982年发掘了湖北江陵马山一号楚墓，这座属于战国中

图 1–7 元代程棨《耕织图》之一

晚期的楚墓，其出土丝织品的种类几乎囊括了先秦时期的全部品种，包括纱、縠、罗、绢、纨、缟、绨、缣、绮、锦、组、绦、绣等，名目繁多，是先秦丝织品的一次最集中的发现，从中可看出这一时期丝织业已取得相当高的成就。

先秦丝绸主要可分为三大类：一是绢类，绢类是平纹织品，最容易织造，主要包括纱、縠和纨等。纱最轻最薄，1957 年长沙左家塘楚墓出土的一块藕色手帕，即属于纱。縠是有皱纹的纱，相当于现代的绉，战国时代诗人宋玉在他的名著《神女赋》中有“动雾縠以徐步”的美句。纨的特色是细腻而有光泽，为人所熟知的是成语“纨绔子弟”。二是绮，绮是提花织物，依靠织纹显花，先织造后染色。著名的乐府诗《陌上桑》中有“缃绮为下裙，紫绮为上襦”的诗句，“遍身罗绮者，不是养蚕人”更是广为传诵。三是锦，古人解释“锦”字时说：“锦，金也，作之用功重，其价如金，故其制字‘帛’与‘金’也。”因锦贵重如黄金，所以才有“锦绣前程”的美喻。锦是以彩色丝线织成有花纹的织物，彩纹并茂，华丽多姿，是丝绸中最为精巧复杂的品种。绮和锦都有花纹，绮是用不同的织纹来显花，锦是用彩色或者彩色加织纹来显花的，所以色彩丰富，一般在三色以上，花纹的表现力强，织纹也更复杂些。锦的出现代表了当时丝绸工艺技术的最高水平，是丝绸史上一个重要的里程碑。《诗经》中有不少诗句提及锦，如“锦衣狐裘”“锦衾烂兮”“衣锦褧衣”等，表明周时锦的数量已经不少。

秦汉时期的丝绸产地主要分布在中原地区、四川地区与关中地区。“齐纨鲁缟”，是中原出产的名贵丝织品的代表，班婕妤《怨歌行》：“新裂齐纨素，鲜洁如霜雪”，也反映了齐纨的精美。四川地区以生产蜀锦【图 1–8】闻名，境内有锦江，成都至今仍有“锦城”之称。汉代经商致富的商人在日常生活中也穿着各种丝织品，贾谊对此非常不满，认为这是对贵贱等级秩序的挑战，应该加以禁止。它从侧面也反映出汉代丝绸产

图 1-8 蜀锦

量的大幅度增加，丝绸不再是统治者独占的稀罕之物。汉代丝绸实物，以马王堆汉墓出土最多，有绢、绮、罗、纱、锦等，品种众多。其中有一件素纱禅衣，轻若烟雾，薄如蝉翼，该衣长 1.28 米，且有长袖，重量仅 49 克，折叠起来仅一个火柴盒大小，织造技巧之高超，真是天工巧夺，充分反映了汉代纺织技术发展状况。

中唐以前，蚕桑丝绸生产，无论产品数量还是生产技术，中原与蜀地仍占绝对优势。江南丝绸业开始兴起，但尚不足与中原、四川两地抗衡。川蜀地区的蜀锦到唐代依然闻名天下，唐诗中有不少赞美蜀锦的句子，如"蜀地锦织成”“蜀烟飞重锦”“夜雨催成蜀锦机”等。安史之乱后，社会经济和蚕桑丝织生产重心开始南移，江南丝绸业在全国的地位迅速抬升，扬州、越州（绍兴）成为新的中心。五代十国时期，位于江浙一带的吴越国，蚕桑丝织生产又有长足的发展。

由于蚕桑技术的进步，宋代蚕桑生产地域相当广阔，遍布黄河流域、珠江流域和长江流域。自南宋以降，全国丝绸业就进一步向江南产区集中。宋代丝绸生产不仅地域广、产量大，而且由于南北技术的交流，丝绸花色品种有明显的增加，绫、罗、绸、缎、纱、縠、绮、锦等各类品种在花型图案、产品质量和风格上都有很大的创新，出现了许多闻名遐迩的丝织品，其中最著名是宋锦【图 1-9】，它是自蜀锦以来具有特色的第二个名锦。蜀锦以地命名，宋锦则是以朝代命名。因为与传统织锦相比，宋锦在花型图案和艺术风格上别具一格，其纹样繁复，色彩丰富而淳朴，织造工艺复杂，具有鲜明的宋代特征。宋锦因其主要产地在苏州，故又称为“苏州宋锦”。元、明、清时期仿宋锦大量被生产，这些仿宋锦也统称宋锦。宋锦被广泛用于服饰、高档书画及贵重礼品的装饰装帧等。

元代丝织品的最大特色是织金锦的盛行。

图 1–9 苏州宋锦

所谓“织金”，就是织料上的花纹全部用金线织出，也有用金、银两色线或银线织成的，统称为织金。用金银装饰服装，在我国由来已久，以金饰衣，是尊贵和权势的象征，汉代的金缕玉衣即是如此，但用金线来织花纹却不常见。较早出现在中国的织金锦据说来自西亚，大约在隋唐时传入。唐宋时织金丝织品时有出现，但并不流行。进入元代，织金锦成了最尊贵、最华丽的织物，官作坊大事织造，民间也群起仿效，盛极一时。不仅织金锦风靡天下，织物饰金也演为时尚。而元以后，织金锦的这一盛况也就消失了。

明清时期，江南地区成为蚕桑生产最发达的地区，浙江湖州府所产的湖丝，有“湖丝遍天下”的美誉。由于丝织技术进一步发展，这一时期又出现了一些优秀的丝绸品种，其中最著名的是云锦【图 1–10】和绒织物。云锦是我国古代三大名锦之一，与蜀锦、宋锦齐名。云锦质地缜密厚实，外观富丽堂皇，犹如天上美丽的云霞，故称“云锦”。华丽富贵的云锦在明清时期一直是皇家御用产品，从帝后的龙袍凤衣到殿堂的宫帏帐幔，无不是由设在南京的“江宁织造局”织造的。由于南京“江宁织造局”对提高云锦的品质、促进民间织锦的发展起到了非常积极的作用，故云锦又称“南京云锦”。云锦在蜀锦和宋锦的基础上演变和发展而成，但在工艺技术上又大大超越了蜀锦和宋锦，以用料考究、织

图 1–10 云锦

造工精、花纹色彩精美而闻名，故被誉为中国织锦的又一个里程碑。

明代绒织物以南京生产的丝绒产品为代表，织物用蚕丝织成，表面绒毛细软，有如羽绒，后世称为天鹅绒。1958 年在明定陵中出土了 2 件双面绒女夹衣及 1 件单面绒女夹衣。双面绒织物正反面都布满整齐的绒毛，绒长 5 毫米，绒毛细密，手感非常好。绒毛如此之长，在丝绒织物中是不多见的。单面绒织物为一面有绒毛，绒长 4 毫米。

除了云锦和绒织物外，还有南京的宁绸，福建的漳缎，杭州的杭罗、杭纺、花线春，苏州的摹本缎，湖州的湖绉等，都是优秀的品种，显示了明清两代丝织技术所达到的新水平。

西方知有中国，是以丝绸为前提的。考古学者曾经在一座雅典墓葬内发现了 6 件丝织物，据研究，它们来自于中国，丝绸的生产年代为公元前 400 多年，这表明中国丝绸至迟在战国时就已传播到西方。当希腊人接触到这种轻软、华丽的丝织物时，立即为之折服。古代中国在马可·波罗出现以前的西方一直被称为“赛里斯（Seres）”，这个词即来源于古希腊文，意即“丝国”，有学者认为它与中国“丝”或“绮”的发音有关。丝绸大规模的西传，则始于汉武帝时张骞出使西域。穿越欧亚大陆的丝绸之路，是以丝绸为前导的，它既是一条商贸之路，也是一条文化交流之路。通过陆上丝绸之路和海上丝绸之路，中国的丝绸源源不断地销往中亚、西亚、南亚及欧洲诸国，中国的养蚕、缫丝、织锦技术也传播到了海外，这为中国服饰在世界范围内产生影响起到了历史性的作用。同时，通过丝绸之路，其他国家的服饰、工艺、风格也对中国服饰产生了深远的影响。

第三节　植棉纺纱织棉布

棉花是一种热带植物，非中国原产，但很早就已传入中国。相关研究表明，大约在公元前2世纪或更早一些，我国就有棉花及棉纺织品出现。在古文献中，棉花常常被称作吉贝、白叠、木棉或梧桐木。最早种植棉花的地区都处于中国的边疆，南部有海南岛和岭南地区，西南有云南和四川部分地区，西北有新疆的吐鲁番和于阗一带。

长期以来，中国人穿着的植物纤维主要是葛和麻。中国古代有“绵”字，但无“棉”字。凡所谓“绵”，是指丝绵，而不是指棉花。当时人们为了区别蚕丝的“绵”，将棉花称为“木绵”，大约在11世纪，才将“木绵”的“绵”改作“棉”字。“棉”字的出现，是和棉花的种植在内地逐渐推广这一历史进程联系在一起的。有趣的是，以后棉花传到了日本，“棉”字却没有跟着传过去。

所以，日本至今还把棉花叫“木绵”，棉布叫“绵布”。

为什么棉纺织生产在宋以前的1000余年的时间里，始终仅局限在边疆，而未在黄河和长江流域广泛传播呢？其中一个重要原因可能在加工工艺方面。由于棉花首先要去籽，然后弹松，棉纤维较丝、麻纤维短，棉纺技术也与丝、麻有些不同，这些棉纺织的特有工序是丝、麻纺织中所没有的。当时使用的加工工具非常原始、简陋，效率低下，加工技术的落后限制了棉纺织的推广。直至北宋末，棉花的栽培基本上限于海南、两广和福建地区，江浙一带则在北宋晚期才开始种植棉花。到南宋末年，江南的棉花种植和棉纺织业才逐渐多了起来。

宋末元初，棉纺织加工技术有了实质性进步，其中传奇人物黄道婆发挥了巨大作用。她在棉纺织工艺上的重大贡献，可归纳为捍（现用“擀”）、弹、纺、织四项。“捍”即轧花搅车，“弹”即弹棉弓，“纺”即纺车【图1-11】，“织”即织机【图1-12】。棉纺织加工从去籽、弹花、纺纱到织布，形成了一套系统化的程序，各种加工工具完备，大大提高了棉纺织的生产效率。在她的故乡乌泥泾，至今传诵着这样一首民谣：“黄婆婆，黄婆婆！教我纱，教我布，二只筒子二匹布。”

图 1-11 元代三锭脚踏木棉纺车

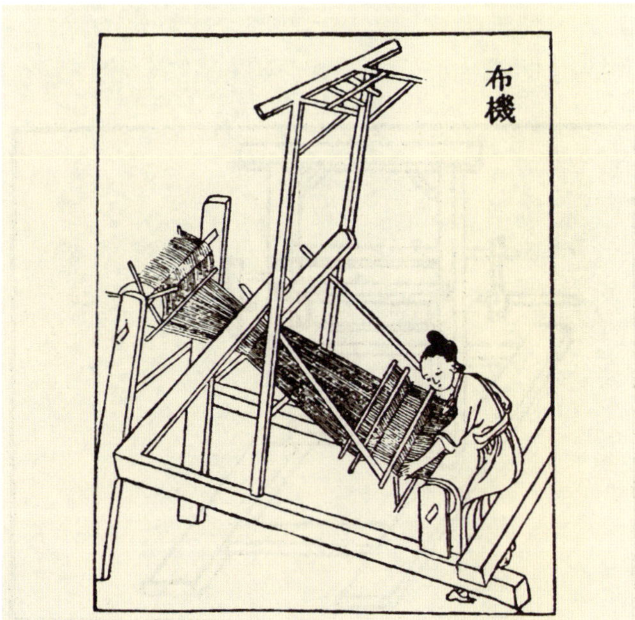

图 1-12 元代织布机

此外，元政府对植棉纺织特别重视。元至元十年（1273）颁布的官修《农桑辑要》一书，有令陕西劝种棉花的诏谕。至元二十六年（1289），元政府又在浙东、江东、江西、湖广、福建等地设置木棉提举司，强制征收木棉织品，每年达10万匹。元初官员王祯主张大范围推广植棉和纺织之法【图1–13】，认为棉花优点很多，和桑蚕相比，“无采养之劳，有必收之效”，和麻类相比，更御寒保暖，“可谓不麻而布，不茧而絮”。在任地方官时，他推广植棉不遗余力。因此，从元代才开始，棉花栽培和棉纺织业从华南和西南、西北边疆迅速推广到长江流域、黄河流域。

到明代中叶时，棉花种植与棉纺织已基本上推广到全国各地。黄河流域植棉业比较发达，而棉织业则不如长江流域。宋应星在《天工开物》

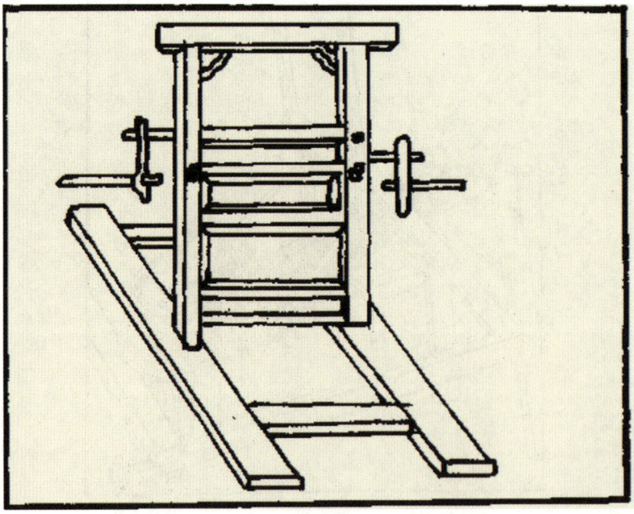

图1–13 元代王祯《农书》中的木棉搅车

中说当时棉花寸土皆有，织机十室必有。棉纺织业成为农户经济的重要组成部分和明王朝的主要税收来源之一，棉纺织工具和纺织技术有了长足的进步，出现了一批棉纺织集中地和具有地方特色的名牌产品。明代棉纺织生产最发达的地区在江浙一带，特别是包括上海、青浦、华亭等县的松江区域，是全国棉纺织中心，有“松郡棉布，衣被天下”的美誉，还有“买不尽松江布，收不尽魏塘纱（在嘉善县）”之说。

明代江南地区棉织品的品种繁多。松江出产的棉布有三梭布、尤墩布、眉织布、标布、中机小布、稀布、飞花布、浆纱布等多种品目，苏州府有药斑布、刮白布、官机布、缣丝布、棋花布、斜纹布等。这些棉布各有自己的产地和特色，其中不少是著名产品。如松江的三梭布，号称“天下第一”，据说明皇帝都用松江产的三梭布做内衣内裤。尤墩布产于松江府西境，其轻细、洁白、丽密，其他各布无法与之相比。飞花布是用弹花时的飞花纺织而成，布纹极细。因为这种布最初为丁姓妇女所织，故又称之为“丁娘子布”。其他如标布产于三林塘、周浦、邑城，浆纱布产于邑城，药斑布产于嘉定和安亭镇，刮白布产于太仓，官机布产于徐王庙，等等。这些不同品目棉布的织造，后来逐渐发展成为各自独立的手工业部门。[①]

① 刘克祥：《棉麻纺织史话》，北京：社会科学文献出版社，2011年，第81页。

据意大利旅行家马可·波罗记载，13 世纪末，棉花价格比丝绢高，贫民买不起。到明代中后期，随着棉花栽培的迅速推广和棉纺织业的不断发展，棉纺织品由“珍货”逐渐变成了平民大众的主要衣着材料。棉花已取代丝麻，成为贫富各阶层居民的主要衣着材料。

第二章　彰施五色　黼黻文章

对于服饰，最吸引眼球的往往是它的色彩与花纹。色彩的独特和纹饰的多样，是中国传统服饰区别于世界其他服饰的鲜明特色之一。

第一节　青出于蓝：传统染色技术

原始人的文身和佩戴过的装饰品可以说是衣物着色的起源。这其中既有宗教的因素，也有艺术与审美的需要。北京周口店山顶洞遗址，曾发现赤铁矿（赭石）粉末和涂抹成赤色的石珠、鱼骨等装饰品【图2–1】，表明在旧石器时代晚期就已经有了着色技术的萌芽。新石器时代所见的涂彩更多。如浙江余姚河姆渡遗址出土的酒器和西安半坡遗址出土的彩陶上，有红、白、黑、褐、橙等多种色彩。当时所用的颜料，大略为矿石研成的粉末。除粉状赭石外，青海乐都柳湾墓地还发现朱砂，山西夏县西阴村遗址发现彩绘和研磨矿石等工具。

图2–1 山顶洞人的装饰品
北京房山周口店博物馆藏

新石器时代中晚期，随着麻、葛纺织的发展和社会的进化，人类除了蔽体保暖以外，对衣服的装饰要求越来越强烈，从而使着色和纺织发

生了密切的关系。《后汉书·舆服志》曾推想染色的起源，说过这样一段话，大意是在圣人发明丝麻后，看到自然界色彩斑斓的各种花鸟，就加以仿效，于是用五彩来染衣服。（“观翚翟之文，荣华之色，乃染帛以效之，始作五采，成以为服。”）最初使用的着色剂是赤铁矿石和朱砂等矿物颜料，着色的方法是涂抹，即把矿石粉末碾碎后用水调和，涂抹在衣服上，形成某种颜色、条纹或图案。这种以矿物颜料施染的工艺称为“石染”，是最早出现的一种染色工艺。“石染”之后出现的是“草染”，是一种以植物染料施染的工艺，从“染”字结构中的“木”即可明了“染”是使用草木类的染料。中国传统农业发达，中国古代染色工艺的特点是以“草染”为主。

我国所使用的矿物颜料的品种主要有赭石、朱砂、石黄、空青、石青和铅白等。红色系的矿物颜料主要有赭石和朱砂。先秦时期，朱砂矿物颜料的应用已十分成熟，商代安阳殷墟妇好墓中，发现有不少朱砂涂染的绢织物的痕迹，多黏附在一些大型、贵重、精致的器物上，此外，在墓中还出土了用于研磨朱砂的杵臼。陕西宝鸡茹家庄出土的西周丝织物和刺绣残痕上的鲜艳的朱红色即为朱砂颜料。湖南左家塘出土的战国时期的双色锦上的朱红色条子，也是用朱砂浸染上去的。黄色系的矿物颜料主要是石黄，陕西宝鸡茹家庄出土的西周刺绣印痕上有石黄颜料的遗残。绿色系的矿物颜料是空青，它的颜色酷似孔雀羽毛上斑点的绿色，因此空青矿石被称作孔雀石。其结构疏松，研磨容易，色泽翠绿，色光稳定，耐受性好,是很重要的矿物颜料。石青是一种蓝铜矿，用作蓝色矿物颜料。铅白是白色系矿物颜料，它不仅用于衣物着色，也可用作化妆品。

在各种植物染料中，靛蓝是应用最早和最为重要的一个品种。我国出土的历代麻布和纺织品中，不少是用靛蓝染色的。自然界含有靛蓝的植物很多，其中最重要的是蓝草（蓼蓝）。染蓝由于工艺简单、得色浓艳，因而在我国应用最早，地域最广，由此创造出的染色和印花织物品种也最多。我国可能在夏代已开始种植蓝草，周时蓝草的种植与采集已相当普及。《诗经》里有关于妇女采摘蓝草的描述：整天在外采蓼蓝，围裙还是装不满（“终朝采蓝，不盈一襜”）。《荀子·劝学》中有“青，取之于蓝，而青于蓝”，说明了战国时，人们对染青与染蓝间的关系十分了解，从染色工艺上分析，青色是由蓝草的多次染色而得到的。这反映了当时染色工艺已经相当成熟，掌握了通过多次染色得到深色的工艺。

茜草是红色植物染料，在我国用来染红历史最为悠久。紫色染料主要是紫草。紫草盛产于山东一带，春秋时齐桓公爱穿紫色衣服，全国仿效，紫草种植和染色盛极一时。黄色染料有很多种，栀子是秦汉以前应用最广的黄色染料，栀子广泛产于南方各地，由于染色简易，色泽鲜明，因而被广泛采用。其他黄色染料还有郁金、姜黄和槐花等。绿色植物染料主要有荩草和鼠李，《诗经》里提到："终朝采绿，不盈一掬。"黑色染料的种类很多，商周时期用于染黑色的植物是皂斗，皂斗为栎属树木的果实，其他还有炭黑、橡子壳等。

染色起源于新石器时代，经过夏商，到西周春秋时期，石染、草染技术已相当成熟。随着染色技术的发展，织物色谱越来越丰富。除黑、白二色外，现代一般把颜色分为红、橙、黄、绿、青、蓝、紫7种。红、黄、蓝为三原色，三原色比例的不同可搭配出万千颜色，古人囿于知识和科学手段，他们认为"色之数不过五"，所以古人形容颜色丰富，就说"五彩斑斓"。战国时期的丝织品已经是"五彩斑斓"，故墨子曾说染丝："染于苍则苍，染于黄则黄。所入者变，其色亦变，五入必，而已则为五色矣。故染不可不慎！"战国时期丝织品色彩的丰富，可得到出土实物的证明。湖北江陵马山一号楚墓有"丝绸宝库"之称，织物色彩繁多，有深黄、浅黄、土黄、金黄、灰黄、深棕、棕、浅棕、红棕、深红、朱红、紫红、橘红、深褐、灰白、藕色、黑、钴蓝、素色等。结合其他战国楚墓出土服饰实物色彩，从色谱上进行分析，有黄、红、紫、蓝、绿、褐、黑等色，色谱已相当完整。我们把一些表示色彩的字集在一起，发现一个有趣的现象，不少表色彩的字从“纟”旁，除我们平时常用的红、绿、紫、绛外，如绯，大红色；缁，黑色；绀，天青色；缃，浅黄色；缇，丹青色、浅绛色；缥，淡青色；纁，绛色，等等。它暗示我们，这些颜色最初是在丝织品的染色过程中出现的，因此，它们统统被纳入“纟”的“家族”。①

汉代的织物色谱，可得三四十种颜色，除黑白外，红橙黄绿青蓝紫都有。长沙马王堆汉墓和新疆民丰东汉遗址出土了大量五光十色的丝、绣、麻、毛织品，织物色泽计有朱红、绛、紫、墨绿、黄绿、深浅褐、深浅棕、中黄、深蓝、宝蓝、浅蓝、银灰、黑、白，以及金色和银色等多种。它们虽然在地下埋葬了两千多年，可色泽依旧鲜艳如新，光彩照人，足以反映出当时染色工艺所取得的成就和服饰色彩的华美。②

隋唐时期，染色技术又有了进一步的发展，有人曾对吐鲁番出土的色彩鲜艳的丝织物做过色谱分析，发现仅这批织物就有 24 种颜色，其中红色调有银红、水红、猩红、绛红、绛紫，黄色调有鹅黄、菊黄、杏黄、金黄、土黄、茶褐，青、蓝色调有蛋青、天青、翠蓝、宝蓝、赤青、藏青，

① 张正：《中华服饰文化》，北京：首都师范大学出版社，1994 年，第 42—43 页。

② 赵翰生：《中国古代纺织与印染》，北京：商务印书馆，1997 年，第 176 页。

绿色调有湖绿、豆绿、叶绿、果绿、墨绿等。如此多的色彩，特别是在一种色调中明确分出十多种近似色，要靠熟练地掌握染料的组合、配方及工艺条件的改变方能达到，这说明了当时染色技术水平之高超。

明清两代在染色技术和选用染料方面得到了空前发展。明代用于染色的植物已扩大到数十种，印染织物的色谱比以前更加丰富，如当时染红的色谱中，就有大红、莲红、桃红、银红、水红、木红等不同色光，黄色谱中有赭黄、鹅黄、金黄等，绿色谱中有大红官绿、豆绿、油绿等，青色谱中有天青、葡萄青、蛋青、毛青等。单是《天工开物》一书记载的色谱和染色方法就达 20 余种。[①]这不仅使配色、拼色所用色彩范围有了可供选择的余地，还促使织物色彩的色谱衍生得更为广泛。另外，棉布染制业的兴起，也推动了明代染色工艺和染料生产的新发展。如传统的靛蓝染色广泛用于棉纱棉布后，催生了新的染色工艺。传统染法是靛蓝重复浸染，即所谓“青出于蓝”。新的染法是将布和栗子壳或莲子壳一起煎煮一天，捞出沥去水分，然后放入铁砂、青矾锅内再煮一夜，即成深黑色。[②]

对丝麻的加工处理，往往是先煮练丝麻，再加以染色，练与染不可分。周代对织物的练染和染料的生产管理都十分重视，设置专业机构，分

① 刘克祥：《棉麻纺织史话》，北京：社科文献出版社，2011 年，第 86 页。
② 刘克祥：《棉麻纺织史话》，北京：社科文献出版社，2011 年，第 86 页。

工主管生产。如设有一个叫“染人”的官职，专管染色生产；还设有一个叫“掌染草”的官职，专管植物染料的征集和加工。当时染色主要在夏秋两季进行，这可能是因为夏秋气温高，同时与许多植物染料在这一季节收获有关。这种专业分工，标志着当时的练染工艺已经发展到一定的规模，形成了比较完整的体系。这也表明，随着社会经济的发展和文明程度的提高，人们对服饰的色彩越来越讲究。汉代练染生产极为发达，西汉设有称为“暴室”的官府机构，掌管官府纺织作坊的织物练染。民间和私人的练染业也很兴旺，一些贵族大地主都有家庭练染作坊。此后，历代王朝都有这种官方练染与民间练染的分工体系。

第二节 五行与五色

色彩从来不只是一种颜色的显示，它往往蕴含着丰富的社会内容与文化含义，如宗教的、政治的、审美的、民俗的等等。孔子曾说我厌恶用紫色取代红色（“恶紫之夺朱也”）。他认为朱（红）色是正色，紫色是间色，正与间两者秩序不可颠倒，否则国家就乱套了。这表明色彩具有政治方面的意义，色彩和政治活动联系在一起。

早在周代，我国就将色彩分为正色和间色。正色为青、赤、黄、白、黑五色，又称“正方五色”，视东方为青，南方为赤，西方为白，北方为黑，中央为黄。间色为绿、红、碧、紫、骝黄（硫黄）五色，认为黄青之间是绿，赤白之间是红，青白之间是碧，赤黑之间是紫，黄黑之间是骝黄，故称“五方间色”。正色和间色具有不同的价值，正色为尊，间色为卑。故当时的王公贵族对衣着的颜色十分讲究，以穿正色为贵，正色和间色不能混淆。所以孔子曾说：君子不用深青透红或黑中有红的布镶边，不用红色或紫色的布做平日常穿的便服（“君子不以绀緅饰，红紫不以为亵服”）。

古代颜色崇尚并非仅出于人们的兴趣爱好，也不是为了满足感官的审美需求，它的真正内涵是颜色代表了一种权力和运数，是政权的象征和国体的标志，颜色与朝代之兴衰联在一起。古代帝王承天革命，王朝易姓，必改正朔（颁布新的历法），易服色（改变车马、服饰等的颜色），服色被视为与国体国运攸关的大事。根据文献记载，尧舜时以黄色为尚，夏启时推崇青色，殷商崇尚白色，周代以红色为尚。各朝各代对颜色均有崇尚，究其原因，这主要是与五行相关。

五行指水、火、木、金、土，最早见于《尚书·洪范》。古人认为宇宙是由水、火、木、金、土这五种元素构成，五行相克又相生。五行之中，木克土、土克水、水克火、火克金、金克木，又木生火、火生土、土生金、金生水、水生木【图2-2】。到战国时期，阴阳家邹衍提出了五德终始、循环相胜的观点，用“五行”的相生相克、周而复始的变化来解释改朝换代的历史过程。这种学说认为，按照“五行”相胜的顺序，每个朝代都受到“五行”中的一种“德”的支配，并具有与之

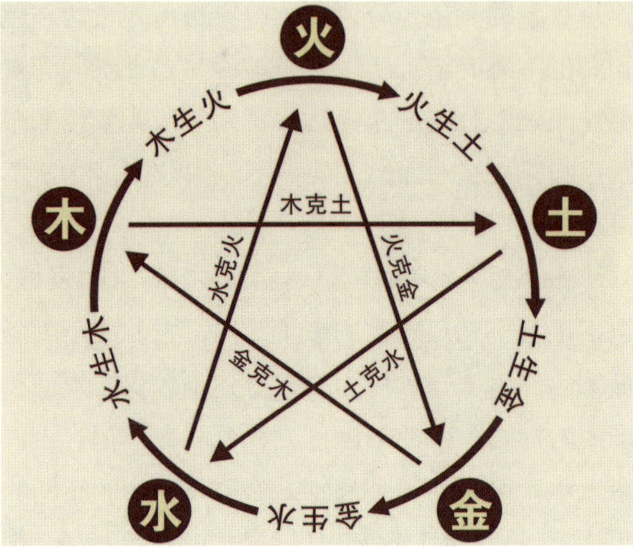

图 2-2 五行相生相克图

相应的象征色。王朝以木为德，则其色崇青；以土为德，其色尚黄；以金为德，其色崇白；以火为德，其色尚红；以水为德，其色崇黑。如黄帝为土德，色尚黄；夏代为木德，色尚青；商代为金德，色尚白；周代为火德，色尚赤。这种带有天人感应神秘色彩的学说，为改朝换代提供了理论依据，被后世新王朝建立者所信奉，也成为王朝崇尚某一颜色的理论基础。

服色的“五德终始说”影响之广，举一例说明。东汉末年，张角起义，倡言“苍天已死，黄天当立。岁在甲子，天下大吉”，聚众三十余万人“皆着黄巾为标帜”，号称黄巾军。在中国历史上，农民起义经常以易服色为合法性的诉求。

五行演绎出五方——东、南、西、北、中，

又演绎出五色——青、白、赤、黑、黄。五行与五色相对应，白色代表金，青色代表木，黑色代表水，赤色代表火，黄色代表土。这五色被视为正色，而由五色掺和而生的其他颜色被视为间色，正色即为正统。

成汤克夏桀后，以为金德，以白色为正色。武王克商，周以火德，尚红色，赤色为周之祥瑞色。秦代周而立，根据五行相克说，水灭火，故秦以水为德。汉代崇色由红而黄，其间虽有变化，但总体上尚红为主。此后，晋朝是水德，隋朝也是水德，唐、宋、元、明、清各朝分别是土德、木德、金德、火德、水德。崇色与正色、间色的划分，与中国古代历史朝代更替承其天命、讲究正统的思想是一致的。

需要指出的，服色的“五德终始说”和正色间色尊卑观，汉代以后其神圣性逐渐衰微。社会生活毕竟是丰富多彩的，人们并没有其实也不可能长期严格地坚持它们。颜色崇尚对中国古代服色流变确实有较大的制约作用，但毕竟不是唯一的决定因素。

再谈谈黄色崇拜与黄袍的问题。五帝之说来自五行，体现五色。五帝指五方上帝，即东方青帝太昊（伏羲氏），南方炎帝（神农氏），中央黄帝（轩辕氏），西方白帝（少昊），北方黑帝（颛顼），为人格化的五位上帝。中央属土，其色黄。中央统率四方，因此上古的黄色，代表着中央。作为最高统治者的帝王，自然位居中央，所以中央代表着黄色，黄色就代表着皇帝，中华民族的始祖，才被尊为黄帝。黄色派生出的寓意，使黄色最终成为一种崇高的颜色，董仲舒云："五色莫贵于黄。"周秦时期，"黄衣"是祭祀先祖时所穿礼服。汉代以降，黄色备受统治者青睐。隋文帝是中国历史上开始穿黄袍的皇帝。将黄袍作为皇帝及太子专用服饰始于唐朝，唐高祖颁布圣旨，"禁士庶不得以赤黄为衣服"，命令臣民不得僭服黄色，黄袍遂为皇室专用之服，但此规定并没有严格执行，仍有不少士庶穿赤黄色衣服。后周时，赵匡胤发起陈桥兵变，并黄袍加身，后来建立宋朝，黄袍正式成为皇帝专用服饰，至宋仁宗时还规定士庶衣着不许以黄袍为底或配制花样。自此黄色衣服亦为皇帝专用。

第三节　黼黻文章：图案纹饰

“文章”的本义与织物相关。“文”通“纹”，指纹理、花纹；“章”通“彰”，义为彰明、显著。“文章”常指织物或服饰上错杂的花纹、图案。如西汉董仲舒在《春秋繁露》中说“天子服有文章”，就是这个意思。“黼黻文章”也是类似意思，古人解释说，“青与赤谓之文，赤与白谓之章，白与黑谓之黼，黑与青谓之黻”，指的是古代服饰上所绣的色彩绚丽的花纹。纹饰是中国传统服饰最显著的特色之一，各式各样的纹饰蕴含着丰富的社会文化意义，可从宗教的、政治的、审美的、民俗的等等多方面加以解读。纹饰形态和样式的演变，也能反映出生产工艺的进步、审美观念的变化及社会文化的变迁。在表现形式上，传统服饰的颜色与花纹常常是相互配合、相得益彰的。

人类纹饰的历史悠久，最早的纹饰，应该是直接描绘在身上的各种图案“文身”【图 2–3】。后来，人类社会进入到文明时期，身上穿起衣服，纹饰的对象随之扩大到衣服织物上。以纹饰工艺而言，无外乎手绘、刺绣、印染、织造等几种方式。有时，为了达到“黼黻文章”的目的，往往会综合利用多种工艺进行纹饰。

从史料记载来看，最早出现的、历史最悠久的纹饰工艺，应该是手绘和刺绣。《周礼》里提到：“画缋之事，杂五色。”“画缋”即绘画，具体做

图 2–3 非洲原始部落的文身习俗

法是在衣物上用颜料或染液描绘图案，周代帝王礼服上就使用了这种方法。刺绣是用针线在织物上绣制各种花纹图案，主要用于服装的局部装饰，《尚书》里提到“絺绣”，《诗经》中有“衮衣绣裳”“素衣朱绣”“黻衣绣裳”等，表明刺绣起源很早，出土实物也能证明这点。河南安阳殷墟妇好墓出土的铜觯上，黏附有菱形绣残针迹，陕西宝鸡茹家庄墓地发现了西周时期的刺绣印痕。战国楚墓出土的一批刺绣品，是可见的最早实物，工艺令人叹为观止。明代顾绣则代表了中国传统刺绣工艺所能达到的巅峰。

纹饰工艺中，印染和织造工艺最为常见。印染前面已经提及，织造又称织花，指在织机上织成带花纹的织物，前面讲到的宋元的织金丝织品也是一种织花。印染和织造常常是结合在一起进行的。

就纹饰在衣服上的装饰部位而言，服装纹饰可分为局部装饰与整体装饰。整体装饰指衣料本身带有各种花纹或图案，缝制成衣后，是通体带花的“花布衣服”。传统服饰更常见的是局部装饰，大约可分为条状装饰与块状装饰两种形式。条状装饰是在衣服的领、袖、裾等部位缀绣花纹，或用织锦镶边，纹样由简单的花式重复连缀而成。男服中常见的纹样有雷纹、云纹、重环纹、夔纹、勾曲纹及呈三角形、方形、菱形的几何纹；女服则多用连云纹、卷草纹。隋唐以后又有团花纹、串花纹，明清两代还有独花纹。块状装饰是在服装的前胸、后背、两肩侧、胯膝等部位缀绣花纹，多作团花式，含有福、寿、贵等寓意，明清时期较为流行。[①]

就纹饰的形态和样式而言，传统织物与服装纹饰主要可分几何纹、动物纹、植物纹和人物纹等。当然，在实际衣物上，各种纹样往往是综合配套使用的。

一　几何纹样

几何纹样属于最早出现的织物纹样。现今能见到的最早的丝绸纹样是商代的遗物，纹样有绮回纹【图 2–4】和云雷纹【图 2–5】两种。绮回纹实物为河南安阳殷墟商墓出土的青铜钺上的丝绸残痕，纹样工整，严谨，富有装饰性。云雷纹，系商代玉戈上的丝绸残痕，织物平纹地，斜纹显花，纹样清晰大方，简洁明快。从纹样发生学的角度看，世界各地的远古文化中最先出现的往往都是几何纹样，中国也是如此。几何纹在纹样领域具有简洁性、明晰性和符号性的特点，作为一种源远流长的纹饰符号，至今仍被广泛应用。

最初的几何纹样以简单的点和线构成一些基本图形。商周以后，随着技术的进步和社会的发展，纹饰题材不断扩大，各种动物纹、植物纹和人物纹等纷纷出现，但几何纹样并没有因此被

① 张正:《中国服饰文化》，北京：首都师范大学出版社，1994 年，第 43 页。

图 2–4 商代青铜钺上的绮回纹复原图

图 2–5 河南安阳侯家庄西北岗商代墓出土石雕残像上的云雷纹

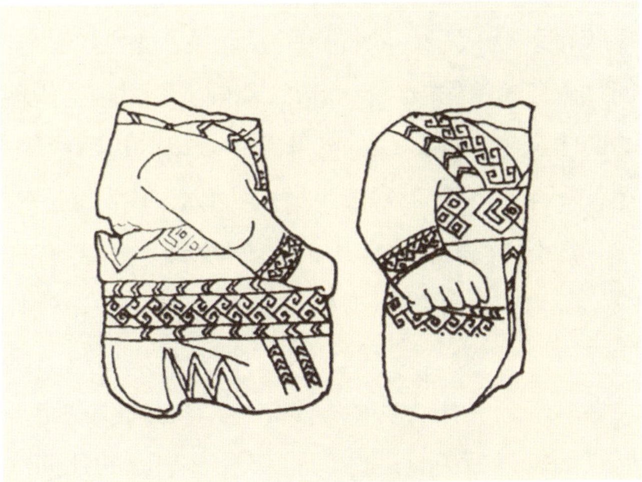

淘汰，它在不断总结中更趋完善，并以其特有的艺术魅力，在中国传统织绣纹样中占有重要的地位。春秋战国时期，几何纹样已很少像商周那样以单独的形式出现，而是通过各种排列组合，变幻出更多繁复的图纹，这可从战国楚墓出土的大量丝绸纹样得到真切反映。楚丝织品上的几何纹主要有小菱形纹【图 2–6】、大菱形纹、塔形纹、十字菱形纹等。这些纹样大多是由一种或几种单位组合而成。常见的单位纹样有方形、圆形、塔形、小菱形、杯形、正反向弓形、S 形、盘形、十字形、回字形等。几何纹样的组合方式可分为三种：一种是将窃曲，菱形、S 形、三角形、折线形和圆圈形等多种单项几何纹，以相同纹样横向连续与不同纹样纵向错位穿插相结合的方法，构成四方连续规则散点排列，这种纹样布局直至秦汉时期还广为流行，长沙左家塘战国楚墓出土的褐地矩纹锦为其代表，纹样疏朗活泼。一种是组合几何纹，在简单的雷纹、菱形纹基础上经过组合出现的变体花纹，如杯纹、塔形纹和菱格六边形纹等。还有一种是将几何纹与动植物、人物纹组合的形式。

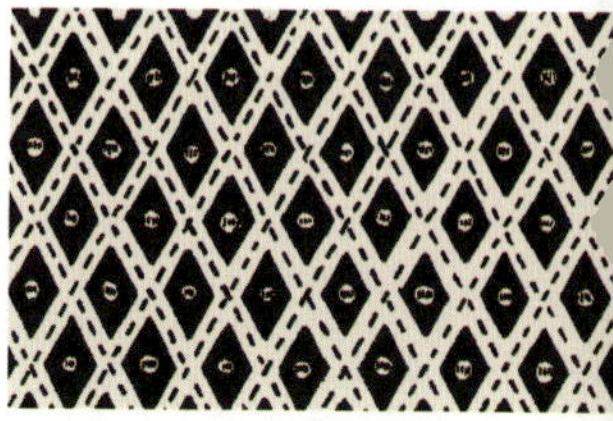

图 2–6 战国楚墓出土小菱形纹锦纹样之一

汉代丝织品中常用的几何纹样，主要有杯纹、菱形纹、矩纹、方棋纹及波状纹等。唐代几何纹有龟背纹、方格纹、锁子纹、晕綗条纹、多角形纹等。从出土实物来看，唐代几何纹在组织形式上别具特色，即几何骨架没有明显的几何线面的交叉分割，而是直接由单位几何纹的组合排列构成，如龟甲王字纹锦和规矩纹锦等都是由单位纹样横向排列构成。从这里我们可以看到唐代几何纹一般纹样单位较小，形象单纯，表明在唐代丝绸纹样装饰中，几何纹已退居次要地位。①

宋代几何纹样又重露头角。与宋代拘谨、严肃的审美情趣相适应，这一时期的几何纹样更趋于规范化，组织严密、结构工整。几何纹样的主要形式有方棋纹、方胜纹、球路纹、龟背纹及八答晕等，依组织形式大致可以分为菱形构成、条纹构成和综合构成等三种类型。综合构成以八答晕为典型，是宋代的新样式。八答晕是将多种几何纹加以综合构成的几何纹，构成骨骼以圆、方、菱形层层相套，中间填饰具象或抽象花纹。其组织严密、纹样复杂、色彩华丽，富于变化，给人以锦中有锦、纹中有纹之感，堪称中国几何纹样的一大典范。

明清时期的几何纹大多沿用或取法于宋式。不论结构繁简，一般多设有骨架，然后在骨架的空格内填以龙凤、花鸟等图纹，常用骨架有万字形、方形、菱形、团形、龟背形及多边形等，骨架多用垂直、水平、对角三种基本线条构成。传统的八答晕锦【图 2-7】到了明清时期则变得更为纤细、繁缛，尤其到了清代中期，这一特征反映得尤为突出。

① 回顾：《中国丝绸纹样史》，哈尔滨：黑龙江美术出版社，1990 年，第 112—113 页。

图 2-7 明代八答晕锦

二 动物纹样

动物纹样是传统纹饰中的主要题材之一。既有取自于现实的动物，也有神话和想象中的动物。常见的动物纹有龙、凤、虎、鸟、虫、鱼及各种瑞兽珍禽等。动物题材的纹样渊源于原始社会的巫术，在远古时期，由于人类的生产力水平低下，先民们对自然界的有些现象还不了解，以为是有着超自然的力量在支配着这个世界，由此产生了蕴含原始宗教和原始巫术的“万物有灵”观念和神灵崇拜，这些思想观念和信仰世界会渗透在纹饰之中。或者说，纹饰反映了先民的生活愿望和文化准则。从文化人类学的观点看，对纹样的迷信崇拜心理和特殊的观念情感，是装饰纹样发生的真正动机。在古人的生活世界里，衣物上的龙、凤和珍禽瑞兽等纹饰，被赋予了相当的神性，由于其具有深层的寓意和神秘的象征，因此借以来表达他们对吉祥如意的祈求和愿望。

1. 龙纹

中国人自称为“龙的传人”，龙【图 2–8】是中华文化里的主要图腾、主要象征。在神话传说中龙能行云布雨、能大能小、能升能隐、大则兴云吐雾、小则隐介藏形、升则飞腾于太空之间、隐则潜伏于波涛之内，与凤凰、麒麟、龟一起并称“四瑞兽”。龙也是中国帝制时期的皇帝象征物，帝王自称“真龙天子”，龙也具有权力的象征，与皇帝有关的事物也被印上了龙的标记，如“龙颜”“龙袍”等。龙的典型形象是两个杈角、长须、蛇身、四足、鳞片满身，也可以说是马面、狗鼻、牛嘴、鹿角、蛇身、鹰爪、鱼鳞、狮尾、虾须。周代冕服“十二章”中就有龙纹，此后历代沿用，一直用于贵族的最高礼服。唐代规定，官吏祭服用龙纹者必须位居一品之上。宋代以后，龙纹仅

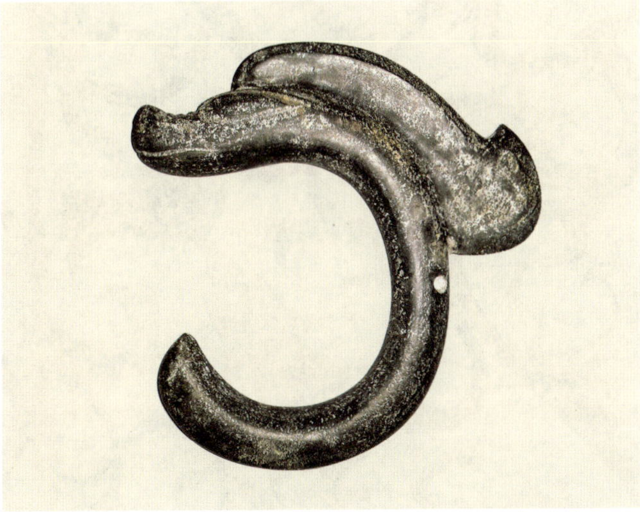

图 2–8 被誉为“中华第一龙”的红山碧玉龙
距今约 6000 年

限于皇室使用，普通官吏未经特许不得使用。明清时期，官员在服饰上僭用龙纹的现象比较常见，为了和皇帝所用的龙纹有所区别，特规定四爪为蟒，五爪为龙。比如明代皇帝身边的太监，就常常身着蟒袍。

起初龙纹像蛇形，后来慢慢演变，似走兽形，最后才发展成我们现在所熟悉的龙纹。在湖北江陵等地战国楚墓中，出土有大批龙纹绣品【图2–9】。从中可以发现，楚龙纹形象和周龙纹大

图 2–9 战国楚墓出土龙凤虎纹绣

图 2-10 清代正龙纹刺绣

异其趣，楚龙纹多昂首挺胸，长尾高翘，作行进状，虎虎有生气，极富动感，其形态有一种与时俱进的时代感，可视作那个时代楚人积极进取精神的象征。历代龙纹形式繁多，龙的形象通常和云气组合成龙云纹，或与凤凰组合成龙凤纹“龙飞凤舞”，也有和狮、虎等构成图纹的。此外，龙纹还有苍龙救子、二龙戏珠、子孙龙、团龙、正龙【图 2-10】、行龙、立龙、坐龙、升龙、降龙、盘龙诸多名目。

2. 凤凰

凤凰是中国古代传说中的百鸟之王，在中华文化中的地位仅次于龙，其纹饰用来象征祥瑞。凤凰羽毛一般被描述为赤红色，雄的称为凤，雌的则称为凰。据古书上的解释，凤凰的形体特征为："鸡头、燕颔、蛇颈、龟背、鱼尾、五彩色，高六尺许。"凤凰也是中国皇权的象征，常和龙一起使用，龙凤呈祥是最具中国特色的图腾。凤从属于龙，用于皇后嫔妃。如帝后坐的车辇，名"凤辇"；帝后居住的宫室，名"凤阙"；帝后寝息的楼台，名"凤阁"；帝后仪仗所持的华盖，名"凤盖"等。

凤凰象征仙气、瑞象、福兆、吉祥，喻义高尚、有圣德、品貌德才出类拔萃之人，现多指女性。

凤凰起源约在新石器时代，原始社会彩陶上的很多鸟纹是凤凰的雏形。《尚书》中讲大禹治水后，举行庆祝盛典，连凤凰也来了（"萧韶九成，凤凰来仪"）。先秦丝织品中的凤纹实物，以战国楚墓出土最为集中、典型。在这些丝织品中，凤鸟形象出现最为频繁，其形象各异，绝无定式。或利喙巨张，或回首嘶鸣，或奔腾，或傲立，或引颈长啸向天，或践蛇而舞于地，万千变化、奇特诡异，给人以伟岸、英武、精干、轻盈、秀美的审美体验。楚人对于凤鸟形象的情有独钟，是因为其崇凤的传统。【图 2-11】元代以后，与象征皇权的龙纹被专用于帝王相应，凤凰则多用于后妃，礼服之中以凤冠、凤袍、凤鞋为贵。发展到后来，凤凰成为女性的专用图纹。明清时期的

图 2-11 湖南长沙陈家大山战国楚墓《龙凤人物图》中的凤鸟

凤凰头似锦鸡，颈如藤蔓，冠似灵芝，翼如鸳鸯，细长的眼睛为其显著特征，俗谓“丹凤眼”。丹凤眼和长腿、长尾被合称为“三长”。尾部除锯齿形及卷草形外，还有作孔雀尾者，尾屏之上还作有翎眼，流行于清代晚期，一直递嬗到现代。[①]

3. 其他珍禽瑞兽

珍禽鸟类和含有吉祥寓意的瑞兽也是常见纹样。以鸟纹为装饰有着悠久的历史，商周时期

① 高春明：《中国历代服饰艺术》，北京：中国青年出版社，2009 年，第 249 页。

就颇多，只是鸟纹饰品传世极少。目前能见到的最早实物，是俄罗斯巴泽雷克第5号古墓出土的丝绸刺鞍褥面，是传到域外的中国春秋时期的遗物。整件绣品绣出花草、凤鸟及雉翟之纹。雉翟或飞跃于花草之间，或鸣唱于花枝之梢，姿态生动，神情自然。战国时期的珍鸟纹样，可从湖南长沙、湖北江陵等地楚墓出土的衣衾中看到，数量很大。从实物看，这一时期的鸟纹形象较寓于装饰趣味，写实风格的作品不多。鸟身或为正向，或为侧向，且大多经过变形处理，给人以神秘浪漫之感。[①]汉代纹样以云气、瑞兽为主，但鸟纹也有不少。湖南长沙西汉墓出土的丝织品中，就有几何填花对鸟纹绮【图2-12】和隐花波纹孔雀纹锦；新疆民丰东汉墓出土的绣品中，也有多种鸟雀形象。唐代鸟雀纹样多，为当时妇女所钟情。在传世的唐代丝织品中，还保留着大量珍禽图纹，与汉代相比，这个时期的鸟纹形象趋向写实，完全脱离了神秘、怪诞的意趣，充满了自然风情和生活气息。[②]宋代写实性花鸟画的兴盛，对鸟纹装饰艺术的发展起到了推动作用。明清绣品中的珍禽形象，就以写实风格为主，冠喙身爪无不逼真，翎毛翼翅丝丝入扣，反映出缜密纤细的时代艺术风格。

赋有吉祥寓意的瑞兽，除了前面提到的外，

① 高春明：《中国历代服饰艺术》，北京：中国青年出版社，2009年，第255页。
② 高春明：《中国历代服饰艺术》，北京：中国青年出版社，2009年，第256页。

图 2-12 湖南长沙马王堆一号汉墓出土对鸟纹绮

常见的还有如虎、象、羊、鹿等，以及饕餮、麒麟【图 2-13】、天马、獬豸等神兽。这些瑞兽形象被广泛装饰在衣冠服饰和生活器具之上。

4. 虫、鱼纹

传统织绣中的虫纹，除了表现田园情趣而纯粹用作观赏外，也多富有吉祥寓意。如蝴蝶，因为其形象优美，色彩鲜艳，故被视为幸福、美好的象征，在传统织绣中运用极广。蝴蝶本身喜

图 2-13 广州东山戴缙墓出土明代麒麟纹刺绣

和花卉为伴，将蝴蝶和花卉织在一起，被称为"蝶恋花"【图 2-14】，寓意为友谊、爱情。最为有趣的是蝎子、蜈蚣、蜥蜴之类的毒虫，也被用于织绣纹样之中，尤在妇女服装和孩童的兜肚、抹额上最为常用，以祈求消灾去疫、避疫强身。[1]

鱼类水族也是传统丝织品中常见的装饰题材。在新疆楼兰古城汉墓出土的织物中，就有鱼纹锦实物，褐色的锦地，缀以黄、蓝二色花卉，在一对对遨游水中的鱼间夹织着振翅欲飞的水鸟，具有浓郁的生活气息。鱼类之所以受到人们的喜爱，除其本身具有食用价值和观赏价值外，还含有文化方面的因素。鱼和汉字"余"同音，在中国这一以农业为基础的国家，生产有余、生

① 高春明：《中国历代服饰艺术》，北京：中国青年出版社，2009 年，第 273 页。

图 2-14 清代彩绣花蝶纹衬衣

活富裕是人们的共同愿望，因此，便借用鱼来象征富足，出现了很多与此有关的纹样。如将鱼和莲花组合，名为“连年有余”；鱼和牡丹、桂花组合，寓意“富贵有余”等等。隋唐实行科举制度以来，使得出身寒贱者也有机会获得功名，“朝为田舍郎，暮登天子堂”，这种突然发迹、青云直上的情况，恰好应了古代“鲤鱼跳龙门”的传说。基于这种文化背景之下的装饰纹样也应运而生：通常在波涛翻滚的水浪之中立一龙亭，以象征龙门，龙门之前有一条鲤鱼翻身跳跃；也有作

图 2–15 清代刺绣金鱼戏水表袋

鲤鱼跳过龙门，已转变成龙者。传世的织绣品中，就有不少这种图纹。综观历代丝织品中的鱼纹，主要有鳜鱼、鲤鱼和鲶鱼。大约从明代开始，金鱼【图 2–15】也开始进入装饰领域。[1]

三　植物纹样

从纹饰的发展看，植物纹饰的流行是晚于几何纹的。商周时代的装饰领域里，占据主导地位的是抽象而工整的饕餮纹和窃曲纹等，显现出一种狰狞威严的风格，相对愉悦而柔和的植物纹样少见踪影。

① 高春明：《中国历代服饰艺术》，北京：中国青年出版社，2009 年，第 274 页。

春秋战国时期，由于“礼崩乐坏”，社会产生了大的变革，思想文化上日趋活跃，技术工艺上也是日新月异，装饰艺术也因此展现出新风格，一些表现日常生产、生活的具有叙事性和写实风格的纹饰开始出现在装饰领域，大量出现的植物纹成为新风格的组成部分。这一时期出土器物中，出现了许多以植物作装饰纹样的题材。如四川成都出土的战国时期的“宴乐水陆攻战纹铜壶”，其上的纹饰中有妇女采桑的情景，桑树的造型简练而生动。织物上的植物纹，正是这种装饰风格影响下的一个侧面。

植物纹样以花卉最为典型。春秋战国时期的花卉纹样，可通过湖北江陵战国楚墓出土的花卉纹织物获得大致印象。花卉通常和龙凤、动物组合成纹，花形工整，富于装饰性。以其中最有代表性的凤鸟花卉纹【图 2-16】为例，在整幅图案中，花茎可随纹样的走势任意伸展连接，花中生出茎蔓，茎蔓又生花，茎蔓在转折中，时而直线，时而曲线，时而作几何式利落的转折，时而又如微风吹动般自然弯曲，这种直线与曲线的并用，产生了刚柔相济的造型效果，同时也为整幅作品的布局创造了生动的空间。从整体上看，与凤纹组合的花草纹应属于辅花的地位，但从纹样造型布局看，却是整体纹饰中必不可少的重要组成部分。

图 2-16 湖北江陵马山一号战国楚墓凤鸟花卉纹线描图

汉代花卉纹织绣品中的一大特点是茱萸纹的流行。茱萸本是一种普通植物，因为民间传说它具有辟邪作用，所以被广泛用于装饰中。马王堆汉墓出土的茱萸纹绢，以四种颜色绣成，花蕾、花瓣及花蒂分别用朱红、棕色、浅棕色绣出，枝叶部分则用深蓝色绣成，枝蔓曲折流畅，花朵突出醒目，具有鲜明的汉纹样特点。除茱萸纹外，散点状小花的运用在这个时期也非常普遍。魏晋南北朝时期的织绣品中大量使用了花卉纹样，比较常见的有牡丹、莲花、忍冬及宝相花等，花形的装饰趣味有所增加，尤其是缠枝花卉的大量运用，已开唐代卷草花纹之先河。①

① 高春明：《中国历代服饰艺术》，北京：中国青年出版社，2009 年，第 267—269 页。

图 2-17 唐代裙饰小折枝花纹样

唐代装饰纹样以花卉为主，装饰风格变化多样，尤以缠枝花、折枝花【图 2-17】、大团花、小朵花、簇花最为典型。花形丰满肥硕，配色鲜明浓艳，充分体现出大唐盛世的时代精神。宋代花卉造型以“像生花”（因形态逼真如生，故称）为主，写实性强，装饰趣味明显减弱。这一时期花卉的品种更为丰富，常见者有牡丹、月季、桃花、芍药、梨花、蔷薇【图 2-18】、芙蓉、栀子、秋葵、海棠、玫瑰、马兰、菊花、荼蘼等。有时在一条花边上，同时绣有数十种花卉，名“一年景”。

图 2-18 南宋黄升墓出土蔷薇山茶纹罗纹样

从整体风格来看，宋代花卉的造型比较清秀，配色淡雅。

元明清时期的花卉纹样仍继承宋代写实风格。与以往不同的是，这个时期的花卉大多被赋予了吉祥寓意。或者借形，或者喻意，或者谐音，使人们对传统花卉纹样的运用跃上了一个新台阶。如牡丹花一向有“富贵花”的美誉，因此被比附为富贵，它与海棠织绣在一起，寓意为“满堂（‘棠’‘堂’谐音）富贵”【图 2-19】，与芙蓉织绣在一起，寓意为“荣（‘蓉’‘荣’谐音）华

图 2-19 清代“满堂富贵”纹样

富贵”。[1]这些花卉的组合不受花型、花种及花季的限制，完全根据吉祥寓意组合成纹，这在明中后期后表现特别明显。

牡丹纹样在中国纺织品中的应用已有一千多年的历史，由于其外观的雍容华贵而占有主要地位。“国色天香”的牡丹纹样是唐朝贵妇仕女极为追捧的装饰物，其华丽的外形也很适合唐代妇女崇尚雍容之貌的审美情趣。而在宋代的丝绸纹样中牡丹折花式和穿花式最为常见。到了明清以后，织绣印染中的牡丹纹样更为普遍，牡丹纹

① 高春明：《中国历代服饰艺术》，北京：中国青年出版社，2009 年，第 269 页。

图 2-20 明代蓝地牡丹菊花纹闪缎

样【图 2-20】已经成为织物服饰上最常见的一种图案，且已升华为中国民间服饰中显示荣华富贵的一种精神标志。[①]

四　人物纹样

人物纹样大致出现在春秋战国时期，极具写实性与生活性。战国楚墓出土的丝织物上的人物纹样【图 2-21】，主要包括田猎纹、舞人动物纹和人物与龙凤共舞纹。其中舞人动物纹尤为生动，它出土于湖北江陵马山一号墓，花纹图案由龙、凤、麒麟等瑞兽和歌舞人物组成，每个小单元呈三角形排列，左右对称，共七个单元组成横贯全幅的花纹。第一组为昂首转身的游龙，第二组是

① 张静，张竞琼，梁惠娥：《牡丹纹样在民间服饰中的形式美》，《纺织学报》2007 年第 2 期。

图 2-21 战国楚墓出土舞人动物纹样

一对戴冠、穿袍、系带、佩饰物、双手上扬作歌舞状的舞人，第三组为一对昂首高冠、展翅卷尾的凤鸟，第四组为两对爬龙，第五组是一对麒麟，第六组是一对仰首展翅、尾后垂的凤鸟，第七组是一对长卷尾的龙。每组图案分别以拱形宽条相隔，拱形宽条内填以龙纹和几何纹。其中长袖飘拂的歌舞人物，长尾曳地的峨冠凤鸟，以及两组姿态不同的爬行龙，都显得意趣盎然。它所表现的是舞人与瑞兽（麒麟、夔龙、鸾凤）相伴起舞的纹样，表现了先民丰富的想象力。另一件田猎纹丝绦描绘的是贵族进行田猎活动的场面，也是一件非常典型的写实作品。汉代丝织品中的人物形象所见不多，魏晋南北朝以后，由于佛教传播的兴盛，织绣中出现大量人物佛像，人物形象的织绣技艺也因此得到了进一步发展。隋唐丝织品上的人物形象仍以佛像为主，且出现了许多巨幅作品。宋代以后，人物形象在织绣品中大量出现，佛教题材已退居次要地位，而与世俗生活有关

图 2-22 北京定陵明代出土百子衣上的童子图

的圣贤、美女、婴戏之像及戏剧人物、历史人物和神话人物明显增多。明清织物中的人物形象【图 2-22】，基本延续了宋代世俗化的特色。

五　十二章纹

最后，再谈谈“十二章纹”。“十二章纹”也称“十二章”，指的是古代帝王及高级官员礼服上绘绣的十二种纹饰【图 2-23】，它们分别是：日、月、星辰、山、龙、华虫、宗彝、藻、火、粉米、黼、黻，绘绣有章纹的礼服称为“章服”。

十二章纹由来已久，大约在周代已经形成。据《周礼》注及疏记载，周天子用于祭祖的礼服即开始采用“玄衣纁裳”，并绘绣有十二章纹，天子以下，其他贵族礼服各自根据等级，章纹依次递减。但需要指出的是，《周礼》经文本身并

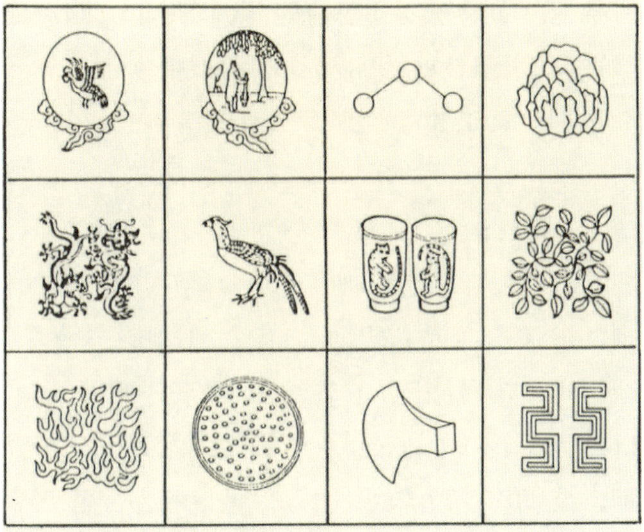

图 2-23 帝王祭服上的十二章纹

没有记载十二章纹之制，只是说天子礼服共有六种：裘冕、衮冕、鷩冕、毳冕、絺冕、玄冕，即所谓“天子六冕”。只是以后注解和疏通《周礼》经文的学者都一致认为周礼中有十二章纹之制。所以，十二章纹究竟于何时形成，尚不能确定。

十二章纹的最早而又全面的记载，是《尚书·益稷》：“予（舜）欲观古人之象，日、月、星辰、山、龙、华虫，作会（绘），宗彝、藻、火、粉米、黼、黻，絺绣，以五采（彩）彰施于五色，作服，汝明。”但这段记载并没有指明十二章纹是周代天子的礼服纹饰。①

秦汉以来，随着儒家“礼治”思想逐渐成为中华帝国占统治地位的正统思想，各种礼仪制度纷纷得以议定，“郁郁乎文哉”的周礼自然是

① 李晓华：《古代官服上的十二章纹》，《文史知识》1990 年第 3 期。

礼制建设中最重要的思想资源，正所谓“服周之冕”，章服自然成为帝国礼制的重中之重。然而章服制度真正建立起来，一直要等到东汉初年。东汉永平二年（59），明帝召集儒家学者和官员博采《周官》《礼记》《尚书》等史籍，制定了详细的祭祀服饰及朝服制度，从此确定了汉代的服制。东汉初规定：“天子、三公、九卿……祀天地明堂，皆冠旒冕，衣裳玄上纁下。乘舆备文，日月星辰十二章，三公、诸侯用山龙（以下）九章，九卿以下用华虫（以下）七章，皆备五采（彩）……”（《后汉书·舆服志》）从此以后直到明清，十二章纹作为帝王百官的服饰，一直沿用了近两千年。直至近代的袁世凯复辟，所穿的帝服也用十二章纹作装饰。

十二章纹中的十二种图案，其中“日”即太阳，太阳当中常绘有乌鸦，这是汉代以后太阳纹的一般图案，取材于“日中有踆乌”“后羿射日”等一系列神话传说。“月”即月亮，月亮当中常绘有蟾蜍或白兔，这是汉代以后月亮纹的一般图案，取材于“嫦娥奔月”等优美的神话传说。“星”即天上的星宿，常以几个小圆圈表示星星。各星星间以线相连，组成一个星宿。“山”即群山，其图案即为群山形。“龙”为龙形。“华虫”，按唐代经学家孔颖达的解释，即是雉鸟。“宗彝”，即宗庙彝器，用于祭祀，作尊形。“藻”即水藻，为水草形。“火”为火焰形。“粉米”即白米，为米粒形。“黼”是黑白相次的斧形，刃白身黑。“黻”是黑青相次的“亞”形。[①]这些纹样无不与当时的宗教观念有着密切关系，它实际上是当时人们的崇拜对象和当时宗教活动的真实反映，成为古代帝王至高无上权力的一种标志。

古代学者对十二章纹的象征意义有各种不同阐发，大致可以综述如下：日、月、星辰，取其照临光明，如三光之耀之意。山，取其能兴云雨，或说取其稳重的性格，象征王者威重四方，天下太平。龙，能变化而取其神之意，象征人君应机布教而善变化。华虫，雉属，取其有文章（彩），也有说雉性耿介，表示王者有文章之德。宗彝，虎取其威猛，蜼取其智或说取其孝，以表示有深浅之知，威猛之德。藻，水草有纹者，一说取其洁，象征冰清玉洁之意。火，取其明，火炎向上有率士群黎向归上命之意。粉米，取其洁白能养人，若聚米粒形，象征有济养之德。黼，取其能断割之意。黻，作两弓（亞）相背形，谓君臣可相济，见恶改善，同时取臣民有背恶向善之意。这些解释有时不免牵强附会，但足以反映出它鲜明的社会意义。

中国古代十二章纹之制前后绵延近两千年，

① 李晓华：《古代官服上的十二章纹》，《文史知识》1990年第3期。

图 2-24 明万历皇帝十二章衮服复制件

文献记载很多，但流传下来的实物却很少。明定陵出土的两件缂丝衮服【图 2-24】为我们了解古代十二章纹之制提供了实物资料。在这两件衮服上，龙纹最突出，共有十二团龙，分别织于两肩和前后襟上。另外，两肩织日、月，背织星辰、群山，两袖饰华虫。宗彝、藻、火、粉米、黼、黻等六种纹饰分别列于前后襟团龙两侧，共列十二章纹，与明代服制符合。这两件衮服是不可多得的珍贵历史文物。

第三章　褒衣博带　广袖长袍

中国传统服饰给人最直观的印象是宽博飘逸，无论是褒衣博带、广袖长袍，还是“罗衣何飘飘，轻裾随风还”，都给人一种简约、含蓄而流畅的东方古典美。从服装造型上看，中国传统服饰是平面结构，前开前合、宽松平直，以遮掩人体为基本特征，属于一种宽衣服装形态。具体到服饰形制而言，身服（衣服）、首服（冠巾）、足服（鞋履），其历代款式、名目，变化多端，可谓千姿百态，难以尽述。

第一节　身服（衣服）

中国历代服装虽然丰富多彩，但从形式上看不外乎两种基本形制，一种是上衣下裳制，一种为衣裳连属制。

衣裳连属制以深衣为滥觞，后世的禅衣、襜褕、袍、衫等等，都是在深衣的基础上产生的，皆属于长衣样式，可把它们视作广义的深衣。深衣制服装男女通用，由于“衣裳相连”，一般不再需要下裳。

一　深　衣

古代的衣、裳原本是有区别的，“上曰衣，下曰裳”，《诗经》中“绿兮衣兮，绿衣黄裳”即是明证。后来这种上衣、下裳分别剪裁的形式，渐渐被深衣所取代。深衣最明显的一个特点是衣与裳相连，因为“被（披）体深邃”（使身体深藏不露），才被命名为深衣。现代学者钱玄指出，当时男子的礼服，衣与裳分开，而平常所穿的服装则是衣裳连属在一起，它被称为深衣。春秋、战国之交，深衣在各诸侯国较为流行，是一种新颖的服装形制。

《礼记·深衣》对深衣的特点和使用范围有详细说明，大意是说：战国时期，深衣的样式是符合礼仪制度的，它的造型既合乎规矩，有圆有方，又对应均衡；尺寸上也有一定要求，短不至于露出体肤，长不至于拖在地面；前襟加长，成一个大三角，再缘上衣边（“续衽钩边”）；腰间则要断开裁制，即腰上为衣料的直幅，腰下取衣料的斜幅，以便于举步；衣袖的腋部要能够适于肘的活动，袖的长短大约是从手部再折叠回来时恰到肘部。深衣可文可武，可以做傧相穿，也可以行军打仗时穿。深衣属于礼服中的第二等，功能完备且不浪费资财，风格上也朴实无华。

从这段话可知，深衣所使用的布帛幅宽和尺寸皆有定制，在贵族阶层被广泛使用。除了上下相连外，曲裾式样是深衣的另一显著特点，即衣服的前襟被接出一段，形成三角，穿时绕至背后，用带子系缚。古人为何要如此处理呢？我们知道，先秦时人们一般不穿合裆裤，内衣相当不完备，只在小腿上套两只裤腿（胫衣）。在上衣和下裳分开穿着时，下裳掩着下体，上下各司其职，行动方便，没有身体暴露之忧。而在衣裳通

图 3-1 河南洛阳金村战国墓出土的银人像

裁、上下相连之后，如果既要便于活动，又想不暴露下体，必须在裁剪时动一番心思。于是，深衣这种曲裾向后交掩、绕襟而下的服式，就应运而生了。这可以说是为解决实际问题而采取的一种变通手法，非常具有智慧，唯一的不足可能是曲裾样式要多费点衣料。

这一时期的深衣虽未见出土实物，但出土的图像资料还是很丰富的，在陶俑、木俑和帛画等上面都有呈现。这些图像资料告诉我们，深衣的形制并非千篇一律，由于地域和时代的不同，它常常存在各种变体。如河南洛阳金村古墓出土的战国银人像【图 3-1】，其身着衣服似为曲裾深衣，但衣长仅及膝盖，与典型的深衣样式有所不同。地处南国的楚国，其深衣样式与中原相比，更是差异明显，被称为“楚式深衣”。如长沙楚墓出土的一幅战国中晚期的《人物龙凤帛画》，其中妇人所着深衣，衣长披地，衣之领缘、袖缘极为宽博，衣身绣满了繁复的花纹，这与《礼记·深衣》所载深衣古制已不符合，从楚墓出土的大量人物木俑【图 3-2】更是表明了这种深衣形制在楚地的流行。楚式深衣的总体特征是在袖宽和腰围部分都偏大，而下摆的长度偏小，沈从文对它的概括是：男女衣着多趋于瘦长，领缘较宽，绕襟旋转而下。衣多特别华美，红绿缤纷。

深衣材料多为白色麻布，用于礼服时则用黑

绸，也有加彩色边缘的，还有的在边缘上绣花或绘上花纹，如楚式深衣。深衣穿时必用系带，具体穿法是将加长的呈三角形的衣襟向右裹去，然后用丝带系在腰胯之间。这种丝带被称为“大带”或“绅带”，带子上根据需要可插笏板，“缙绅”一词，即来源于此，意指插笏（古代朝会时官宦所执的手板，有事就写在上面，以备遗忘）于带。后来随着胡汉交流的活跃，胡服中常见的革带也出现在了中原服饰中。革带再配上带钩，用作系

图 3-2 湖南长沙仰天湖战国楚墓出土彩绘女木俑

结。带钩在战国中晚期的使用相当普遍，到秦汉时也很流行。

到汉代，男子着曲裾深衣的已不多见，多着直裾长衣，如襜褕、袍服类；而女式的曲裾深衣【图 3-3】，生命力较强，依然存续并有所发展。从湖南长沙马王堆一号汉墓的帛画以及各地出土的陶俑、木俑、画像石等来看，汉代妇女深衣，衣襟的长度越来越长，穿在身上可以缠绕数道，每道还有花边露在外面，层层叠叠，十分华美，从中也可看出楚式深衣影响的痕迹。至于汉以后女性曲裾深衣的变化，可从晋代画家顾恺之名作《女史箴图》获得大致印象。图中妇女所着深衣，

图 3-3 湖南长沙马王堆西汉墓出土曲裾深衣

上半部分和普通深衣相同，但下摆被裁成三角，上广下狭，形同刀圭。穿着时叠压相交，绕体一周，宛如燕尾。深衣边饰上，有狭长的飘带垂下，与燕尾状裙裾相互呼应，将女性秀丽飘逸的风姿展现得淋漓尽致。

二 禅衣、襜褕、袍与衫

禅衣、襜褕、袍与衫在形制上都属于同一个“衣裳相连”的系统，故不再需要下裳，而且是男女通用的一种普遍形式。

禅衣亦写作“单衣”，是没有衣里之衣。其材料并不限于丝织品，也可以使用各种布料来裁制。根据衣料的不同，单衣可作为内衣或外衣穿用。现在所见最早的禅衣实物是马山一号战国楚墓出土的，共有三件，基本特征是：交领、右衽、直裾、长袖，上下连成一体，并以锦绣缘边。禅衣也是汉代常服的一种，马王堆出土有素纱禅衣实物，有直裾和曲裾两种样式，其中一件重量仅49克。【图3-4】

襜褕最大的特点是直裾，衣形宽松，就东汉的文物图像来看，襜褕或可视为一种比袍更为宽松的服式。古人有说在方言中禅衣称作襜褕的，也有说襜褕是直裾禅衣的，可见禅衣和襜褕渊源很深。襜褕原是用布裁制，而且无缘饰，所以在西汉时，官员着襜褕尚属非正式之朝服。《史记》中记载汉武帝的舅舅田蚡穿着襜褕谒见武帝，被

图 3-4 湖南长沙马王堆西汉墓出土素纱禅衣

武帝认为大不敬。到东汉，襜褕使用场合与范围日渐广泛，史籍记载当时有见皇帝也身着襜褕者。用作襜褕的衣料也不限于布料，丝帛、毛织物和皮革的都有。如汉张衡《四愁诗》："美人赠我貂襜褕，何以报之明月珠。"魏晋后，深衣、襜褕逐渐退出历史舞台，袍服成为主流。

汉代以来直裾长衣的流行并占据优势，主要原因可能与合裆裤出现、内衣逐渐完善有关。相较于紧裹在身的曲裾深衣，直裾长衣宽松，穿着起来更加舒适、随意，而且在衣料上比曲裾更加节省，所以，随着时间的演进，直裾衣取代曲裾衣的趋势也是很明显的。

袍是属于长衣类并内絮丝绵的一种服装，因有夹层，厚重而保暖。袍一般被认为是外面所穿的长衣，但也有人认为袍原先只是内衣，后来才成为外衣。从马山一号战国楚墓出土八件袍服来看，有内穿也有外穿的，基本特征为：交领、右衽、直裾、长袖，上衣下裳连成一体，并以锦绣缘边，有小袖、宽袖和大袖三种样式。如其中一件绣绢绵袍，是作为内衣与外衣之间的中间层穿在女性死者身上，灰白绢里，领缘有田猎、龙凤纹绦装饰，袖缘和下摆皆用大菱形文锦，衣面彩绣龙凤花纹，相当精美。【图 3–5】

图 3–5 湖北江陵马山一号战国楚墓出土直裾式凤鸟花卉纹绣浅黄绢面袍

汉代常服以袍为主，男女皆穿袍，袍服衣袖宽博，在臂肘处裁剪得非常宽大，呈圆弧形，而至袖口处则明显加以收缩形成小袖口，这样处理一是便于活动，二是出于保暖的需要。汉代女性袍服装饰变得更加华丽，逐渐演变成礼服，妇女在婚嫁之日，不论贵贱，皆可穿着，只是在颜色、装饰上略有区别。马王堆西汉墓出土有女性袍服实物，其中，丝绵袍十一件，夹袍一件，曲裾袍九件，直裾袍三件，它们的总体特征是：交领、右衽、曲裾或直裾、袖口多窄袖、袍面多彩绣、絮丝绵、领袖下摆施缘。

袍服在形制上与襜褕相似，后来慢慢发展，这两种服式渐渐融合，演变成一种服式，不论有无夹层绵絮，统称为袍。袍服取代襜褕之后，用途变得更加广泛，除常服之外，袍还被用作朝服，连皇帝也喜穿着。历代袍服名目繁多,除了衣料、颜色外，其款式变化，主要集中在衣长、衣领、衣襟、衣袖及衣裾几个方面。如领有交领、盘领等之别；袖有宽袖、大袖和窄袖之分。

魏晋南北朝时，袍服款式的特点是大敞袖、宽衣襟，一改汉代袖口紧缩的款式。这种宽大衣身、长长衣带的衣着风格，被称作“褒衣博带”，能展现穿着者优雅洒脱的风神气韵。“褒衣博带”的衣着风格，是与当时的文化潮流相互呼应的。

图 3-6 唐代敦煌壁画中穿圆领红袍的人物像

自隋唐开始男装盛行圆领袍【图 3-6】，又称盘领袍、团领袍，各阶层人士都可穿着，据说是受胡服的影响而形成的。一般为圆领、右衽，领、袖及襟处有缘边。文官衣略长至足，踝或及地，武官衣略短至膝下。袖有宽窄之分，多随时尚而变异，其中一些款式还延至宋明。

图 3-7 唐太宗画像，穿圆领窄袖黄色龙袍

圆领袍不仅成为此时期男子的常服，而且被官方规定作为官服，在朝堂上也能见到，并以色彩区别等差。唐高宗总章元年明确规定除天子外不许着黄，使得黄袍成为帝王专用之服【图 3-7】，“黄袍加身”成为登极的象征。一般士人未进仕途者，则皆以白袍为主，有“袍如烂银文如锦”之美。

图 3-8 宋太宗常服画像，穿圆领大袖袍

宋代圆领袍【图 3-8】本于唐代而又有所变化，由唐时的小袖变为大袖，衣身也变得宽大，领部用衬领，当时的民间劳动者所穿小袖圆领袍服衣身比唐代更短。从传世图像来看，元代帝王大多穿交领右衽袍服，而圆领袍多为中小官吏、侍从以及下层劳动人民穿着。明初皇帝的常服，宫人的冠服，都是“盘领，窄袖”和“团领，窄袖”。

图 3-9 明代王时敏小像，身穿道袍

明中期以后文武官公服都是“盘领右衽袍……袖宽三尺”（《明史·舆服志》）。此时，这种袖宽三尺的圆领袍已成为官吏公服的一种定制。明代还有一类背间中缝直通到下面的斜领大袖袍十分流行，如直身、道袍【图 3-9】等，这种款式的袍服衣身宽松、衣袖宽大，为家居常服。

清代袍的形制比历代丰富，官员所穿的有

图 3-10 清代常服袍

朝袍、行袍、蟒袍、常服袍【图 3-10】、缺襟袍、四褉袍等。普通百姓日常家居也以穿袍者居多。尤其在冬季，更是普遍穿着，由此还演变出长袍、旗袍等服式，有的一直沿用到今天。【图 3-11】

衫作为长衣的一种，约出现在东汉末。和袍相比，衫的主要特点在于：衫为单衣，不用衬里；衣袖宽大，敞袖，袖口不收紧；采用对襟。大敞袖的对襟长衫，由于它的开放、敞露，非常适合夏季穿着。魏晋时长衫相当流行，多以白色薄质

图 3-11 穿马褂长袍的李鸿章

丝绸制作，这与当时的社会风尚有一定关系：魏晋时期流行老庄学说，反礼教而崇自然，轻便随意、自然敞露的长衫与士人的人生哲学相当契合，因此受到欢迎。出土于江苏省南京市西善桥南朝墓葬的砖画《竹林七贤和荣启期》【图 3-12】，里面刘伶、嵇康、阮籍等“竹林七贤”的穿衣款式与风格，生动传神地体现了这一特点。

图 3-12 砖画《竹林七贤和荣启期》局部

南北朝以后，受胡服的影响，窄袖衣流行，影响所及，穿长衫者渐少，衫也变为窄袖，这种窄袖衫风靡很久，直到盛唐时期。唐代官吏平日闲居大多爱穿便衫，一般士人即使在礼见宴会等正式场合也可穿长衫。唐代还出现了一种圆领襕衫，因为在近膝盖处加有横襕而得名，一般认为这道横襕是对上衣下裳制古意的恪守而刻意加上去的，多为士人所穿着。襕衫的影响很大，一直波及宋明时期。至于普通百姓，多穿长不过膝的短衫，便于劳作，并在衫的胯部前后左右各开一

衩。到晚唐五代，宽松的长衫又重新开始流行，尤其是女衫，衣裾宽大，行走拖地【图 3-13】。夏季女性宽衫，多以轻如雾縠、薄如蝉翼的纱罗制成，里面一般不加衬衣，敞露开放，肌肤隐约可见。

宋代因袭五代遗制，以着衫为尚。衫的形制也不断改变，出现了紫衫、凉衫、帽衫及裸衫等名目，士庶百姓用作常服，文武官吏用为便服。由于社会风气转向内敛，宋代女衫日渐保守，穿纱罗薄衫时，或加衬衣，或缀衬里，做成夹衫，

图 3-13 唐代周昉《簪花仕女图》中穿大袖衫的女子

不再如唐代女衫薄、露、透。因为袖身宽大，宋代女衫常常被称为“大袖”【图 3-14】，多作为在外面穿着的正式服装。从宋代开始，还流行一种“褙子”，又称“背子”，男女均可穿，男子的褙子常衬于公服内，很少外穿。女子的褙子【图 3-15】则可外穿，并成为典型的常服款式。在题

图 3-14 江苏金坛南宋周瑀墓出土大袖衫

图 3-15 江西德安南宋周氏墓出土罗褙子

为《瑶台步月图》的画作中，穿着褙子的女子尽显文静优雅。它的形制与大袖相似，也用直领对襟，两腋开衩，衣长过膝，衣袖比较窄小，不如

大袖宽阔。“大袖”“褙子”影响及于明代女性，她们一般用大袖作为礼服，褙子用作常服，到清代，褙子渐渐消失。

三　襦、袄与马褂

除了衣裳连属的长衣外，还有短衣，如襦、袄、马褂、半臂与背心等就属于这一类。它们一般和下裳搭配，或与衣裳连属的长衣搭配。

襦是一种短衣，男女通用，下摆一般位于腰至膝盖之间，有单、复之分，复襦不仅包括夹襦而且还包含内絮丝绵的襦，故襦可分三种：单襦、夹襦和绵襦。襦在形制上不脱“上衣下裳”的“上衣”属性，《陌上桑》说罗敷“缃绮为下裙，紫绮为上襦”，足以说明这点。中国古代最早的服装就是以短衣加围裳的形式出现的，襦可说是最早的服装形制之一。现在所见较早的襦衣的实物是在马山一号战国楚墓中发现的，为墓主贴身穿着，残损严重，它用深黄绢做衣表和衣里，交领右衽、直裾，裾和下摆皆包有绣缘。衣长及膝，袖口较窄小。春秋战国时期的各种襦衣，可从各地出土文物资料获得大致印象。

襦既可当里衣，也可当外衣，东汉以后多用于女性。汉魏时期的襦一般采用大襟，衣襟右掩，衣袖或宽或窄。当时女性的典型衣着是“上襦下裙”，但也有上穿襦下穿长裤的。制作襦的衣料有罗、绮、纱、縠等，诗文里经常提到，如

图 3-16 唐朝交领襦裙配披帛

"紫绮为上襦"，如南北朝时期诗歌《采桑度》："养蚕不满百，那得罗绣襦。"不过应该也有用布料的。最初的襦多用单色，少纹饰，如甘肃武威磨嘴子汉墓出土的复襦，就以蓝色平纹绢做成。从东汉开始，襦被作为女性上衣逐渐流行，纹饰也随之日渐增加，颜色日渐丰富。

隋唐以后，襦的式样有所变化，除大襟之外，更多采用对襟，穿时衣襟敞开，不用纽扣，下摆束在裙内。衣袖则以窄袖为主，穿时紧裹在手臂上【图 3-16】。宋代因褙子的流行，妇女穿襦者并不太多。元代蒙古族女性多穿袍衫，而汉族女性则穿襦裙。清代以后，由于袄的流行，穿襦妇女再次减少，至清中叶基本绝迹。

袄，也称"短袄"，是一种短衣，在襦的基础上衍变而来。为了和襦相区别，人们一般将衣长到腰际的短衣仍称为襦，将比襦长但比袍短的衣服称为袄。袄最初多作为内衣，通常以厚实的织物制作，内缀衬里的，俗称"夹袄"；在其中纳以绵絮做成寒衣的，俗称"绵袄"。袄一般多穿在长衣之内，男女均可着之。袄的款式以大襟为多，很少用对襟。袄袖也以窄式为主，以利于保暖。宋代以来袄较为流行，普通百姓可将它当作外衣来穿，而上层人士或读书人很少单独穿着，一般是在外面罩上外套来穿。明清时期，袄成为妇女最流行的服装之一，并逐渐取代短襦。到晚清，袄的样式有所变异，除原来的短袄【图 3-17】之外，又出现了一种长袄，衣长盖膝。民国以后，袄的长度又恢复到胯部以上地位，并一直延续至今。

马褂，也称“短褂”，是清代男子所穿的一种短衣。因为穿着这种短褂便于骑马，故称之为“马褂”。马褂衣长不过腰，下摆开衩，以对襟为主，少数作大襟或缺襟，衣袖有长短两种样式，长的及腕部，短的至肘间。袖口部分大多平齐，不作收窄。马褂在清初仅用于武士，康熙末年传到民间，随即风靡全国，各阶层男子都可穿

图 3-17 清代镶边短袄

着，成为一种常服，适用范围广泛，穿时一般是罩在袍褂之外。至于马褂颜色，平民百姓除不得穿黄马褂外，其余悉听其便。因为黄色与皇权相关，黄马褂专用于皇帝御前侍卫、护军统领等人，一般人只有经皇帝的特赏才可穿着。清亡后，冠服制度被废除，唯马褂得以保存。到民国初年，马褂被选定为男子礼服，凡出入重大的社交场合，一般均需着此。从 20 世纪 40 年代开始，因西服的流行，马褂逐渐消退。

四　半臂与背心

短衣一般都为长袖，但也有短袖的，如半臂，无袖的，如背心。

半臂是一种短袖上衣，名称始见于唐，它的形制是由汉魏的半袖发展而来的。在汉代，这种半袖主要为妇女所穿着，样式为交领大襟，衣长及胯，袖长至肘，袖口宽博并且有缘饰。魏晋南北朝时期，男子也有穿半臂的习俗，反而女性穿半臂者不多。隋唐时期，半臂更加普及，上至宫廷，下至民间，无论男女，均可穿着，成为一种常服。穿着半臂的人物形象，在陕西乾县唐永泰公主墓出土的石椁线雕、陕西乾县唐懿德太子墓出土的壁画、陕西西安唐鲜于庭诲墓出土的三彩俑、西安东郊王家坟唐墓出土的三彩俑以及新疆吐鲁番阿斯塔那唐墓出土的帛画上都有反映。唐代上层人士所穿半臂，面料多用织锦，因织锦紧密厚实，因此有一定的御寒保暖的作用。半臂款式多采用对襟，衣式短小，长及腰际，两袖宽大而平直，长不掩肘。穿着时既可像穿背心那样加罩在短襦之外，也可以先穿半臂，在半臂上加罩襦袄袍衫。唐代以后，半臂开始轻视装饰而注重实用，除少数仍以织锦制作外，大部分采用绫绢制成，内絮绵絮，保暖效果非常好。直至元，明、清时期，半臂依然是妇女的日常服饰之一。

马山战国楚墓出土的"緥衣"，它的形制与半臂有很深的渊源。其具体款式为直领对襟，背部领口凹下，双袖平直，腰与下摆等宽，外形如长褂。"緥衣"实为明器，是一件单衣模型，其衣长尺寸比实际短小很多，但它反映了当时某种服装的基本形制。

图 3–18 长沙杨家湾战国晚期楚墓出土木俑

緥衣这种对襟的衣式风格最早见于安阳四盘磨村出土的商代石雕人像，其所着上衣亦为对襟式样。长沙杨家湾战国晚期楚墓出土木俑【图 3–18】外罩之衣也是这种款式，马王堆一号汉墓出土的木俑也着对襟短袖式样的外衣，这种短袖单衣经过不断地发展演变而成为后世的"半臂"之衣。

背心，也称"半背"，俗称"坎肩"，或称"马甲"，为无袖的短衣，男女通用。背心通常被做成两片，一片遮胸，一片挡背，肩部以带相连，还可内填絮绵，以御寒冷。最初背心一般被当作里衣，不外穿，魏晋后外穿背心者，一般为平民百姓，后逐渐推广，成为外衣。宋、元以来，背心成为常服，男女尊卑都可以穿着，并且纹饰日渐精美。宋元时期的背心实物在福建福州宋墓、江苏无锡元墓都有出土。如在福州浮仓山南宋黄升墓中，共出土背心 8 件，其中 7 件为单层，1 件为夹层，均用对襟，直领，长及腰际，下摆两侧各开一衩，两襟之间不用搭襻，任其敞开。明代背心通常作对襟或大襟，衣式上窄下宽，与宋代直通上下的长方形样式有所不同。清代背心款式【图 3-19】变化最明显的是衣襟，除传统的对

图 3-19 清代月白色缎织暗花梅竹灵芝坎肩

襟及大襟之外，还出现了曲襟、一字襟等样式。

五　裳、裙与裤

裳，又称“下裳”，是用来遮蔽下体的服装，所以古人说“裳，障也，所以自障蔽也”。从广义上说，裳指一切在下体穿着的衣服，如裙、裤等都属于“下裳”，穿着时与“上衣”配套。从狭义上说，裳指围裳。先有围裳，然后才发展出裙、裤等。

围裳可说是最古老的一种服装形制，远古时人们为了蔽体遮羞，先用树叶、兽皮等将下体围住，后来布帛出现，才改用布帛制作。商周时期，裳是最主要的服装之一，男女通用。裁剪制作裳时，一般分成前、后两片，然后用布带缀结系于腰间。由于当时的布帛门幅狭窄，制作一裳，通常需要用七幅布帛拼合而成，前片用布三幅，后片用布四幅。前后两片在腰部连接并施褶，褶的多少，视各人身腰粗细而定，左右两侧各留缝隙，以便开合。穿着这种下裳，便溺时不必解下，只要将裳片掀开即可。汉代以来，这种围裳逐渐被裙、裤所代替。但在礼服中，仍保留此遗制，如明代皇帝衮冕，下裳裁制也还遵循“前三，后四”的古制。

由于商周时合裆裤尚未出现，围裳的两边又不是闭合的，这使裳的蔽体遮羞功能受到很大影响，日常生活中稍不注意，就有可能走光。正

图 3-20 河南安阳出土商代跽坐玉人

因为如此，古代礼仪对坐姿非常重视，常见的坐法是跪坐（跽），两膝触地，臀部压坐在足后跟上，如果要向对方致礼，就将两手的手心压在地上，而臀部依旧压在足跟。这种跽坐的坐姿在安阳妇好墓出土的着衣玉人【图 3-20】、西汉中山靖王刘胜妻窦绾墓出土的执灯宫女上都可见到。

裙，属于下裳类，古时男女通用，由多幅面料拼合而成，腰围较大，穿着时依靠腰部的系带来使一部分裙面重叠，从而达到适体的目的。据说裙起初是作为里衣使用，不外穿，穿着时外面必有长衣罩着。

和上衣一样，裙子也有单、夹、棉、皮的区别。用纱罗制成的裙子一般在夏季比较常见，春秋季节则多穿用几层布帛制成的夹裙。到了冬天，裙子里又可以纳入棉絮。至于富贵之家，还用皮毛制成裙子。这种裙子一般以绸缎为面，衬里用毛皮。

现在所能见到的较早的裙子实物出自于马山一号战国楚墓，为黄绢单裙，共两件，均有不同程度的残损。单裙以素绢裁制，幅面呈梯形，裙面由 8 幅拼缝，下摆比裙腰宽，腰部以窄带为结，下摆以几何纹锦作缘，裙长及地。此裙穿在女性墓主身上，与夹襦配套，形成上襦下裙的结构。这种上襦下裙的女服样式，一直持续到明清时期，可以说是古代女性最基本的服装形制之一。

秦汉以来，当男子逐渐改穿袍衫作为日常服饰之时，女子依旧以上衣下裳（裙）的样式为主，在汉代的图像资料中可看到大量穿着裙子的女性形象。如河南密县汉墓壁画所绘妇女，上身穿着短襦，下体即穿着一条长裙，襦袖宽广，裙腰系带，与汉乐府中“长裙连理带，广袖合欢襦”的说法吻合。汉代妇女的裙子实物，在湖南长沙马王堆一号汉墓中还有发现。[①]

马王堆墓出土共两件单裙，均是使用宽一幅的绢四片缝制而成，上部另加裙腰，两端延长为裙带用以系住身体，此种形制，与今日之裙亦无多大差别。裙和襦袄相配合的女性衣着，是汉代以来中国服制中最为基本的一种形式。

隋唐五代贵族妇女的裙围以宽博为尚，尤其在唐代，大多数妇女的裙子，都集六幅布帛而成。为和宽大的裙围相适应，裙子往往被做得很长【图 3-21】。为了增加裙子的长度，她们采取了各种手段，如将裙腰上提，或束在胸间，或束至腋下，裙子的下摆则垂至地面，走起路来裙裾扫地。[②]

五代时期女裙的另一变化，是裙幅增多，折褶更加细密，俗谓百褶裙。明末清初，一种名为月华裙的折褶裙十分流行。它是用十幅布帛制作的，裙体折成数十道细裥，每裥各用一色，轻描浅绘，色雅而淡，如月光呈辉，故名“月

① 高春明：《中国历代服饰艺术》，北京：中国青年出版社，2009年，第124页。

② 高春明：《中国历代服饰艺术》，北京：中国青年出版社，2009年，第124—125页。

图 3-21 唐代墓室壁画上的仕女，着高腰石榴裙

图 3-22 清代月华裙

华”【图 3-22】。

历代女裙形制不一，有长短之分：短裙下不及膝，一般用作衬里，俗谓“衬裙”；长裙下曳于地，多穿在外面。颜色多样，其中以红裙所见最多，尤其是青年女子，更以穿着红裙为尚。红裙还被称为“石榴裙”，以象征它美艳的色彩。绿裙也深受女性青睐，常被称作碧裙、翠裙、翡翠裙、荷叶裙等。除素裙外，女裙一般强调纹饰，或在裙上刺绣，或在裙上印花，或在裙上作画，或在裙上镂金、穿珠或镶嵌宝石等等，形形色色，不一而足。

历代男子穿裙子也不罕见，以明代为例，文武官员曾经流行穿马尾裙、发裙，庶民喜穿蓝布裙。明朝最后一个皇帝崇祯在国破家亡之际，命其皇子换上青布棉袄、紫花布夹衣、白布裤、蓝布裙，打扮成平民百姓模样，以避战祸。男子穿裙时，一般与袍衫或裤相配套。

裤，即现在我们所熟悉的下裳裤子，原来写作“绔”或“袴”，“裤”是后起字。商周时的胫衣可被看作是最早的裤子，类似于今天的套裤，只有两只裤管，穿时套在两胫上，上达于膝，下及于踝，以绳带系缚固定，膝盖以上则靠围裳加以遮蔽。当时胫衣重在御寒，所以在夏天没必要穿它。

北方游牧民族经常骑马，要求骑士必须两腿分开，跨在马背之上，衣、裳与胫衣配套的装扮显然对他们并不适合，所以“胡服”的第一个特点，就是必须穿“绔”（“袴”），这种合裆长裤才易于骑行。战国时赵武灵王推行胡服骑射后，中原地区的人们开始逐渐穿着长裤。汉族人刚开始穿长裤时，往往只是将裤管加长，上达于腰。两股之间连缀一裆，裆不缝合，以带系缚，俗谓“穷袴”。不合裆的原因，最初可能是习惯，也便于私溺。马山战国楚墓出土的一件绵袴，是关于袴年代最早的一件实物。这件绵袴为女性墓主贴身穿着，残损较为严重，袴外以单裙遮掩。绵袴由袴腰、袴脚和口缘三部分组成，袴腰口宽大，袴脚口收紧，前后裆不合拢，后腰敞开为敞口式样。袴脚用凤鸟花卉纹绣红棕绢，深黄绢里，絮丝绵。

合裆之裤从汉代起逐渐普及，俗称为“裈”。穿着者起初是军人及社会地位低卑的奴仆走卒，主要图其便于活动，社会上层则一般不单独穿裤。后来又出现一种“犊鼻裈”，较裈为短，下不过膝，类似于今天的短裤。袴的式样因时代和地区不同也有变化，如北方所着者，袴管狭窄，以便乘骑，俗谓“小口袴”。中原及南方所着者，袴管则较为宽大，俗谓“大口袴”。五代以后，又流行一种仅施于小腿的“膝袴”，可加罩在长裤之外穿着。宋代男女，不分尊卑，均可穿着膝裤。清代称膝裤为套裤，其长度已不限于膝下，也有遮覆盖于大腿者。

裤的种类也有多种：单层的，称“单袴”；双层或多层的，称“夹袴”“复袴”。复袴之中纳以棉絮，则称“棉袴”。另有绸袴、锦袴及皮袴等名，多根据衣料而定。

第二节　首　服

古代首服，一般可分为三大类：一类为冠，一类为巾，一类为帽，因都戴于首，故名首服。三种首服，用途不一：扎巾主要是为了敛发，戴帽主要是为了御寒，戴冠则主要是为了修饰。相对而言，巾、帽一类更注重其实用功能，冠类更注重其饰容的目的。这当然是以简驭繁的说法。古人着首服，有一套程序，不同于今人。以成年男子为例，首先要束发，先将头发梳好之后，用束带把发根缠住，其次要结发，即结成发髻，再次要安发，用笄（簪子）将发髻稳住。经过这三个步骤，然后再戴上冠或巾帻等。古人对首服要比今人讲究得多、重视得多，所以在正式场合讲求“冠冕堂皇”，子路临死不免冠的故事也说明了冠对古人的重要性。

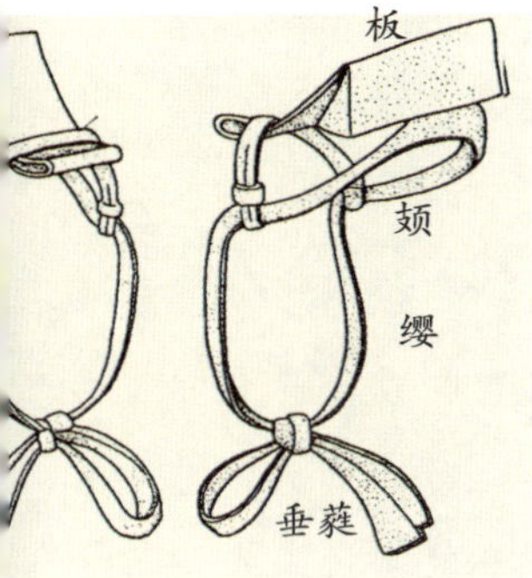

图 3-23 秦始皇陵兵马俑冠结构图

一 冠

广义的冠，是首服的泛称。而严格意义上来讲，冠指的是前面我们所说的三大类之一，它是古代贵族成年男子专用的一种特殊头饰，为贵族服饰的主要标志，它不以保暖或防护为主要功能，而重在区别身份。所以古代贵族男子到二十岁就要行冠礼，在各种正式场合都必须戴冠。早期的冠，只是加在发髻上的一个罩子，形制甚小，不能覆盖住整个头顶，与后世帽子迥乎不同。秦代以来，冠梁逐渐加宽，同冠圈连成覆杯的形状，冠的名目和形制越来越复杂。以秦始皇兵马俑冠式结构【图 3-23】来看，有系结于颏下的带子，即冠缨，用以固冠，頍则是一条围在后脑勺的长带子，中部同冠体相连，两端则连接冠缨，其作用亦在于固冠。汉代冠可分为十多种，供不同身份的人在不同场合下使用，制作冠的材料，有铁、玉、竹等多种，马王堆汉墓曾出土戴长冠的木俑，可一窥当时长冠形制。晋代以来，冠梁的多寡成为区别官阶高低的重要标志。

此外，古代女性也有冠饰。起初女冠大多以铁丝、竹篾编织成花状，外蒙纱罗，并缀以珠翠，扣在发髻上作为装饰。最为贵重、最为正式的女性礼冠是凤冠，因为冠上缀有凤凰，故名。以凤凰饰首的风气，起源很早，而将凤冠确定为女性正式礼服，并将其列入冠服制度，是在

图 3-24 明代孝靖皇后十二龙九凤冠
1957 年北京定陵出土
定陵博物馆藏

宋代，明代则将它发扬光大，后妃命妇等在正式场合需戴凤冠。这种凤冠实物在北京定陵曾有出土【图 3-24】。

二 冕

冕冠，也称“旒冕”，《周礼》里有“六冕制度”，讲帝王与贵族等在各种祭祀场合分别要穿六种不同的冕服（礼服），冕冠即与冕服配套之冠，是冕服的重要组成部分。在各类礼冠中，冕冠最为贵重，专用于重大祭祀。但周代冕冠形制，到汉时已失传，不知其详。东汉明帝时，重新制定了冕冠制度，此后历朝历代，无不厘定本朝冕服制度，直到明代。

冕冠的具体形制，大体上是这样的：冠顶部盖一木板，被称为冕版，一般被制成长形，前圆后方。冕版后端大约比前端高出 3 厘米左右，以此来象征戴冠者匍匐俯伏，表示对天地宇宙的尊崇之感。冕版的表面一般用细布裱糊，上用玄色，以代表天，下用纁色，以代表地。在冕版的前后两端，分别垂挂数串玉珠，被称为“旒”，一旒即指一串珠玉。旒的多寡是辨别身份的一大标志，帝王专用十二旒。[①]

玉珠的颜色也有规定，在商周据说用五种颜色，到了汉代，则统一采用单色玉珠。冕版的下部即为冠身，以铁丝、细藤编为圆框，外蒙绢、素纱等。冠身两侧各有一个对穿的小孔，用来贯穿玉笄。戴时将冠圈扣覆在头顶，插入玉笄，使冠身和发髻固结。在冕版的两旁，还垂有两根彩色丝带。它的下端分别悬系着一枚玉石，名为“充耳”。戴冠者在祭祀时佩戴此冠，面前有数串玉珠遮蔽视线，耳旁各有两颗充耳垂在耳际，这样设计的目的是为了“障视”和“止听”，即提醒戴冠者在祭祀时目不斜视，耳不旁听，汉语中的两个成语“视而不见”“充耳不闻”即由此而来。

现在所能见到的冕冠实物出土于山东邹城明鲁荒王朱檀墓，冠高 18 厘米，长 49.4 厘米，宽 30 厘米【图 3–25】。冕版前圆后方，上覆黑色罗绢，前后各垂九旒，贯朱、白、青、黄、黑五彩玉珠，两侧悬挂玉瑱；冠身镶有金圈金边，衡、纽等物件一应俱全。

① 高春明：《中国历代服饰艺术》，北京：中国青年出版社，2009 年，第 58 页。

图 3-25 山东邹城明鲁荒王朱檀墓出土九旒冕
山东博物馆藏

三　弁

弁，或称“皮弁”，为男子的礼冠之一，最初多以鹿皮制作成，制作时先将鹿皮分成数瓣，然后以针线缝合。样式上锐下广，像两掌相合，弁上玉饰的数量和颜色是区别身份的主要标志。皮弁作用仅次于冕，天子百官上朝办公都可以戴。戴弁的制度历代相袭，具体样式各代略有不同。早期以鹿皮制弁的习俗被改变，易之以乌纱。山东邹城明鲁荒王朱檀墓内曾出土一顶皮弁【图 3-26】：以藤篾编成圆框，高 21 厘米，宽 31 厘米；外表黑纱；前后各缀九缝，缝中压以金线，两缝之间微微突出，饰玉珠九；左右两侧有梅花形孔，孔中贯穿一金笄。

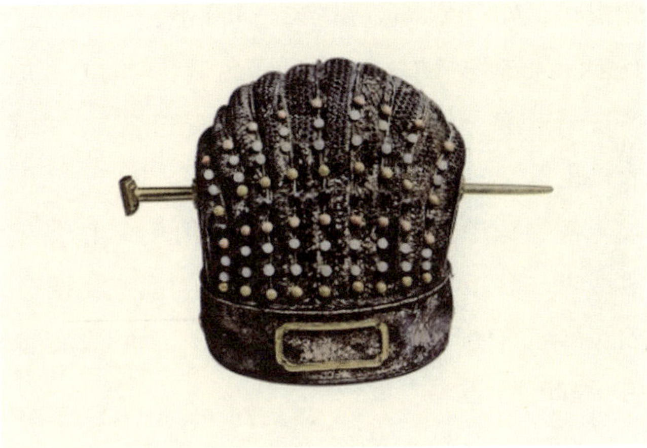

图 3-26 山东邹城明鲁荒王朱檀墓出土皮弁

四 巾

巾，也称“头巾”，裹头用的布帕，为一般老百姓的首服，士以上是戴冠的，所以古书说“士冠，庶人巾”。头巾起初所用材料为葛布，颜色以青、黑色为主，所以平民常被称作“苍头”“黔首”等。庶民如果就任官职，便须解去头巾，表示不复为平民百姓。到东汉末年，戴巾忽然变成一种社会风尚，不限于庶民，士人、官员等社会上层都喜欢戴巾，从此巾不再是区分官民的界限，贵贱通用。这种风气流行的起因在于当时社会的黑暗，士人对官场腐败极度不满，所以常戴庶人之巾以示抗议，表示不和腐败官僚集团同流合污的决心。当然，缠巾更加简单、轻便也是原因之一。想当年，祢衡坐在大营门口，用三尺大杖捶地大骂曹操时，头上戴的即是这种普通头巾。魏晋南北朝时期巾也非常流行，可见之于当时众多的画像资料，如《竹林七贤与荣启期》中，无一戴冠，其中四人皆扎头巾。头巾通用之后，制作巾的质料日渐丰富，葛、布、缣帛甚至皮的都有，巾的形式也日益变化多端。

各类头巾中最基本的是幅巾【图 3–27】，通常裁成方形，因它的长度与布帛的门幅宽度相等，故而得名。使用时包裹发髻，系结于颀后或额前，男女皆可用之。

纶巾是以较粗的丝带编织而成的头巾，质地柔软而厚实，多用于冬季，不分男女，无论尊卑，都可以扎系，尤以士人最为常用。角巾一般也多用于士人，因巾上带有棱角而得名。北周武

图 3–27 戴幅巾的汤显祖像

帝时，又出现一种“折上巾”，这种改制后的巾帛，四脚成带状，通常以两带系脑后垂下，似两条飘带，另外二带反系头上，令曲折附顶。实际上，它已开始逐步演变成帽子了。

宋元时期文人雅士也偏好头巾，各种款式、名目繁多：有的根据款式定名，如圆顶巾、方顶巾、琴顶巾；有的以质料定名，如纱巾、罗巾；有的以人名定名，如东坡巾【图 3–28】、山谷巾。不同身份的人物，往往采用不同的头巾，当一个人走在街上，人们根据他的头巾，就可大致辨别出此人从事何种职业。明代男子对头巾的偏好和崇尚程度，更是超越历代。在两百多年里，先后出现的头巾款式达四十种之多。入清后，由于男子需从满俗剃发垂辫，传统头巾的功能变得不再重要，头巾这种首服也就逐渐销声匿迹。

图 3–28 戴东坡巾的苏轼像

戴帽毕竟比扎巾方便省事，宋明以来，巾、帽合流的趋势也很明显，两者常常被混为一谈，如东坡巾、四方平定巾等，徒具“巾”名，实际上都属帽子之类。

自古以来，女性扎巾也不少见。如宋代妇女中流行一种额巾，称为“额子”。额子是用一块帕巾，折成条状，绕额一周，系结于前。明清妇女中间流行过一种包头的风俗，其实也是头巾。清代以后，男子扎头巾现象已不多见，唯在女性仍然流行。

五 帽

帽，最初作“冒”，后通称为“帽子”。早期的帽子主要用来起保暖或防护作用，因此帽子一直是北方居民的首服。直到秦汉时期，戴帽者仍以北方游牧民族为多。汉人除了给孩童御寒保暖外,通常不戴帽。到东汉时,随着胡汉交流的加深,汉人也喜着胡服，甚至成为一种时尚。如东汉灵帝时，皇帝本人就喜好胡服，京师胡俗胡服盛行，富贵之家竞相穿着的胡服之中，就包括帽子。这种风气一直影响到汉末，汉末的士人不受礼法约束，夏季系扎头巾，到了冬季，则像北方少数民族一样，以戴帽为尚。汉代常见的一种帽子是用布帛制成的圆形软帽，一般先用头巾把发束好，然后再戴帽。汉乐府《陌上桑》中写青年男子见到罗敷时,“少年见罗敷,脱帽着帩头”即是如此。从使用场合看，帽一般多是家居作便服使用，且戴帽者以平民为多。

历代帽的形制、名称很多，不一而足。在发展过程中，由于戴帽比扎巾方便省事，有些帽的形制便是在巾的基础上演变而成的。例如幞头之制，就是在东汉幅巾基础上演变而成的。由于幅巾系结不甚方便，有人就想法对它加以改进，据说北周武帝首开其端，先将幅巾裁出四脚，并将四脚结长，形成阔带，这一新样式被称为“折上巾”或“软裹”，因为打结方便，缚发容易，所

图 3-29 陕西唐代墓地壁画中戴垂脚幞头的男侍

以很快就在军旅及民间流行起来。到唐代，这种头巾才改称为幞头【图 3-29】。幞头经过唐、五代的不断改进，形成一种硬脚幞头的样式：原来的巾帕被如硬盔般的漆纱所代替；原来附在额上的两脚被废弃不用；脑后的两脚用铁丝、琴弦、竹篾等硬质材料制成骨架，成为两个硬脚，其外也蒙以漆纱。这种硬脚幞头实际上已成为一顶标准的帽子。到宋代，直脚幞头成为官员首服的独有式样，直脚幞头因幞头两侧的直脚各向左右长长地展开而得名。明代官员的首服由唐宋幞头演变为乌纱帽。

第三节 足 服

屦、履、舄、屐、屩、靴等，是足上所着之物，统称为足服。

屦，本指用麻、葛制成的一种鞋。履，本指单底之鞋。鞋，本指生革所制之履。三者也都是鞋子的通称，区别主要在：先秦称屦，汉魏称履，唐代以后多称鞋。唐代“鞋”成为各种鞋履的通称后，这种称法一直延续到现在。

历代鞋履形制丰富，它们的区别主要反映在质料、款式及装饰几个方面。鞋履所用质料，主要有葛麻、丝帛、棕丝、皮革、木料等。鞋履的款式变化，主要反映在鞋头、鞋跟和鞋底部分，尤以鞋头最为显著，古代常用的鞋头有圆头、方头、歧头（鞋头分歧）、高头、笏头（头部高翘，形似笏板）、小头、雀头、丛头（鞋头突起一块，呈花丛状）、云头（鞋头缝叠成云纹状）、虎头、凤头等形制。鞋履的鞋底，通常以木料、皮革、棕麻或布帛为原料制成，经削制、缝缀、编织而成。其制厚薄不一，用作礼鞋者以厚底居多，家居便履则用薄底。明清男子喜穿镶鞋，又名“京鞋”，这种鞋子也配以厚底，尤其在冬季，穿之可御寒冷。清代女鞋分满、汉二式，形制差异虽大，但都采用高底。[①]鞋履上的装饰，主要采用彩绣、镶缘、嵌宝等方式。

现在所能见到的较早的鞋履实物主要来自战国楚墓，出土实物多为麻履。马山一号楚墓出土履 3 双，其中麻履 2 双，锦面漆履 1 双，仅漆履保存较好。漆履实物为大菱形纹锦面麻鞋，前端近圆形，方口；表层用麻布，髹黑漆，里层用草编成，鞋口和鞋帮均用锦面；履底长约 24 厘米，前宽 9 厘米，履底略出边，底用麻线编结，其下遍布乳钉状线结，其目的在于防滑。黑漆髹涂在底和面上，可防水，这是现今看到的时代最早的一种雨鞋。另外，在河南光山发现公元前 648 年黄国墓葬，清理出履底一双，亦为线绳盘曲穿缀而成，但前端显著尖出，与鞋帮结合时必然要翻上一部分，作勾履状，形制和马山楚墓麻履明显不同。马王堆汉墓出土丝履也是现今所能看到的保存完好的鞋履【图 3–30】。

舄是古代贵族男女参加祭祀、朝会所穿的礼鞋【图 3–31】。一般为浅帮，以染有颜色的皮

① 高春明：《中国历代服饰艺术》，北京：中国青年出版社，2009 年，第 134 页。

图 3-30 湖南长沙马王堆一号墓出土丝履

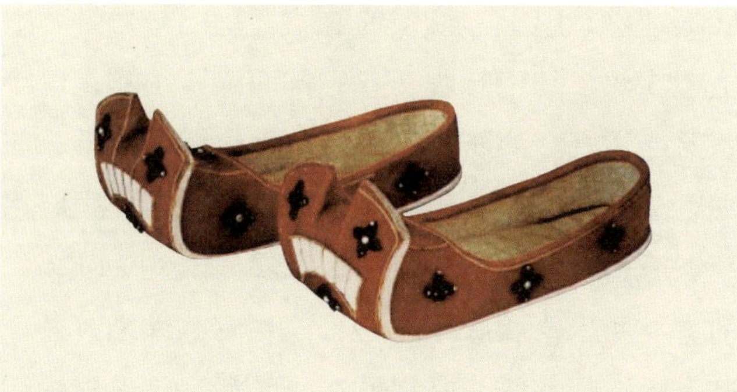

图 3-31 唐代赤舄

革为面，上面用丝麻制品进行装饰，并缀以綦（鞋带）。[①]舄和一般鞋履最大的区别在于鞋底：一般鞋履为单层底，而舄为双层，上层用皮革或布，下层用木。舄下施木的目的，主要是为了实用，行礼时不用担心泥湿等问题。因为在鞋底加了一层木底，所以舄比一般鞋履要高。

屐是一种有齿之履，多在出行时穿着。在各种鞋履中，屐的构造比较特别，通常由三部分组成。其基础部分是一块木料底板，上钻有小孔

① 高春明：《中国历代服饰艺术》，北京：中国青年出版社，2009年，第138页。

数个，以穿绳系。鞋底下前后各设一齿，呈直竖状，为的是行走方便，因古代路面不甚平整，有了双齿，可减少鞋底与路面的接触面，行走时就会感到稳当便捷。屐齿通常以木料为之，与一般的麻底之履相比，木齿更经得起磨损，坏了还可以更换，特别适合外出旅行。木料是制作屐的主要材料，故有“木屐”之称。屐在中国的出现已有数千年历史，汉代男女以穿着木屐为尚。[①]屩也是古代用于旅行的鞋子，用细绳编织，制作简便，结构牢固，适合于行走，一般用草、葛、棕、麻等制成。“屩”为书面用语，在口语中，通常称“履”或“鞋”。在各种手编之屩中，草屩的使用最为普遍。在各种草屩中，蒲草的质地最为细密，多用来编制精致的鞋履。除了草鞋，用得较多的还有棕鞋和麻鞋。棕鞋以棕丝编成，质地较草鞋坚韧，不仅经久耐穿，而且不畏潮湿，具有良好的御水功能。草鞋在水中浸泡过久，很容易腐烂，干后又极易变脆，棕鞋则无此弊端，因此，除用作行履外，还被兼作雨鞋。[②]

靴是一种高筒之履，最初多用皮革制成。现存最早的皮履实物出土于湖南长沙战国楚墓，鞋面用鞣制过的皮革制成，鞋底采用硬皮。制作时先将皮革按照脚形裁成数块，四周裁为若干长条，鞋面则裁成方形，然后逐一缝缀相连，制成鞋帮，最后加上鞋底即成。

① 高春明：《中国历代服饰艺术》，北京：中国青年出版社，2009年，第140页。
② 高春明：《中国历代服饰艺术》，北京：中国青年出版社，2009年，第141页。

皮履又可分为两类：一类以生革制作，所用皮革未经鞣制，质地坚固而生硬，多用于庶民；另一类以熟皮为之，因经过鞣制处理，故质地柔软，多用于贵族。高筒之履通常以熟皮为之，鞋帮包裹于小腿。在先秦时期，这种皮履多用于北方少数民族，属胡服范畴。大约从战国时开始，这种高筒之履也为汉族所着，汉人才将其称为“靴子”。自隋代起，靴子被朝廷正式采用，成了官吏常服之一。除祭祀、庆典或重大朝会按传统礼仪着舄之外，一般场合官吏均穿皮靴，连皇帝礼见也不例外，这个时期的靴子通常为黑色。[①]

① 高春明：《中国历代服饰艺术》，北京：中国青年出版社，2009年，第142页。

第四章　辨等威 别贵贱

在现代社会，一个人穿戴何种服饰，主要取决于他个人的偏好和消费能力；而在传统社会，穿衣戴帽的问题则没那么简单，因为传统社会的显著特点之一，就是服饰的等级性。通过你所穿戴的冠服，就可知道你拥有什么身份、处于什么地位、承担什么职事、属于什么人群，俗语说“衣冠取人”，便是如此。中国传统服饰的等级性，其历史之悠久，制度之周密，程度之深厚，影响之广泛，在世界文化中可谓独树一帜、无可匹敌。等级森严、井然有序是中国传统服饰文化所表现出的基本特点之一。服饰的质料、色彩、纹饰和形制等各个方面、各种细节都被当政者拿来当作“辨等威，别贵贱”的象征符号，且不准僭越。

第一节　服饰等级制度的建立与强化

“衣冠之治”，就是强调服饰的政治作用，将衣冠当作治国治民的一种基本手段与工具。《易·系辞下传》中说“黄帝、尧、舜垂衣裳而天下治，盖取诸乾坤”，明确地把“衣裳”与“治天下”联系在一起；而另一层意思是说，上衣下裳的分别，与《易》乾、坤两卦“乾尊坤卑”相合，象征天与地的上下分野，隐喻阴阳、尊卑、上下相对的观念。衣裳是天地乾坤、阴阳、上下尊卑的体现，是社会秩序的象征，圣人通过衣裳的制作，给人间带来了秩序。一句话，服饰有等，尊卑有别，天下大治。所以“衣冠之治”的本质乃是等级政治，强调严格服饰制度，确立身份地位，巩固政治权力。随着时间的推移，服饰的等级功能日益强化，服饰等级制度越来越严整周密，历代相承愈演愈烈。

西周时服饰制度已初具规模，它是“周礼”的重要组成部分。“周礼”是一整套的道德规范、典章制度与礼节仪式等，其核心是以血缘关系为纽带的等级制、分封制和宗庙祭祀制度。周代设有“司服”一职专门负责掌管天子诸侯、王公贵族等参加各种典礼时的礼服，礼服穿着有严格规定和限制，个人的身份等级不同，所穿的服饰也有区别。以“六冕制度”为例，如下：

王：大裘冕、衮冕、鷩冕、毳冕、绨冕、玄冕

公：衮冕、鷩冕、毳冕、绨冕、玄冕

侯伯：鷩冕、毳冕、绨冕、玄冕

子男：毳冕、绨冕、玄冕

公：绨冕、玄冕

卿大夫：玄冕

公、侯、伯、子、男，是为诸侯；公、卿、大夫、士，是为诸臣。士无服冕资格，只能戴皮弁。同时，六冕之中，即使穿着同一类型的冕服，等级不同，冕服具体细节也有差异，以别等差。

周代还设有“内司服”掌管王后以及内命妇（宫内嫔妃、女御）和外命妇（诸侯、卿大夫等官员的母亲与妻子）所穿着的礼服，其中王后也有六服：袆衣，褕翟，阙翟，鞠衣，展衣，褖衣，

图 4-1 宋代聂崇义《三礼图》所绘展衣（左）、褖衣（右）

素沙。【图 4-1】其中素沙不是礼服，而是六服的内衬。内外命妇按照级别、地位的不同则分别穿着鞠衣、展衣、褖衣。

内、外司服官职的确立，以及各种严格具体的服饰规定，表明周代对服饰等级的管理，已被纳入正式的国家制度，成为国家礼法的重要组成部分，“衣冠之治”的传统，就是从此开始的。

春秋战国时期，以孔子为代表的儒家极具影响力。孔子特别推崇“郁郁乎文哉”的“周礼”，在礼崩乐坏之际，希望克己复（周）礼，以仁礼治国，达于天下之治。儒家的“礼治”思想，是以“君君臣臣父父子子”等级观念和等级制度为基础的。儒家对“衣裳”的看法承“周礼”而来，

"衣裳"作为"礼"的重要组成部分，是儒家规整社会秩序、宣扬礼乐教化的利器，可以说"衣裳是治天下之具"。只有服饰有等、尊卑有别，才能达到正"名教"的目的。正如《左传》所说："君子小人，物有服章。贵有常尊，贱有等威，礼不逆矣。"儒家认为"衣裳"的颜色、样式、纹饰等标示着一个人身份地位的高低贵贱，应严格遵守服制标准，不得僭越，如果乱穿衣裳，就会导致人心失序，从而导致社会失序，天下大乱。儒家也非常注重自身的服饰规范，在《论语》《礼记》等儒家经典中，儒士如孔子及其弟子对衣着很讲究，吉日、丧事、大祭、平居的服装各有其式样，在什么场合穿着什么服色，也有一套严格的规矩，如所谓"君子不以绀緅饰，红紫不以为亵衣"。

汉代以来，儒家在政治上开始取得优势，"礼治"思想逐渐成为帝制王朝的主导思想，以"周礼"为榜样的服饰制度开始恢复与重建。儒家礼仪对汉代国家的影响，可首先从叔孙通"定朝仪"谈起。叔孙通是一名儒士，精通儒家礼仪。在楚汉之争中，他投奔了刘邦，但刘邦对儒家那一套并不喜欢，叔孙通没有得到刘邦的赏识。由于当时天下初定，礼仪不周，那帮打下天下的功臣们，有时在刘邦面前无所顾忌，行为举止傲慢无礼，刘邦很是无奈。于是叔孙通乘机向刘邦建议定"朝仪"，立规矩【图 4-2】。当"朝仪"实施后，

图 4-2 明代刘俊《汉殿论功图》
美国大都会博物馆藏

原来混乱的局面有了很大的改观，刘邦叹道："吾乃今日知为皇帝之贵也。"

汉文帝时，贾谊对儒家礼仪与服饰等级制度在理论上又做出了系统论证。他吸取先秦儒家的"礼治"思想，针对汉初以来的国家形势，将等级秩序的道理进行了系统阐发。他认为等级秩序当中，服饰等级体系非常重要。他指出，"人之情不异，面目状貌同类，贵贱之别，非天根着于形容也。所持以别贵贱、明尊卑者，等级、势力、衣服、号令也。"人和人之间仅从外貌形体上看，是难以分辨出高低贵贱的，如果要达到这个目的，必须靠一些外在的标志加以区分，服饰就是其中非常重要的标志。所以，应该对服饰进行管理，建立严格的服饰等级制度。他在《服疑》一文中写到：

> 奇服文章，以等上下而差贵贱。是以高下异，则名号异，则权力异，则事势异，则旗章异，则符瑞异，则礼宠异，则秩禄异，则冠履异，则衣带异，则环佩异，则车马异，则妻妾异，则泽厚异，则宫室异，则床席异，则器皿异，则食饮异，则祭祀异，则死丧异。故高则此品周高，下则此品周下。

尊卑贵贱，必须从一个人的衣食住行等各个方面都加以区别，不同等级的人有不同的生活方式。他接着又指出："贵贱有级，服位有等……是以天下见其服而知贵贱，望其章而知其势……卑尊已着，上下已分，则人伦法矣。"服饰等级制度如果执行得好，人的高低贵贱一眼便知，社会等级秩序分明，天下就会太平。但是贾谊33岁英年早逝，他的服制理想没有得以实现。

至汉武帝“罢黜百家，独尊儒术”，儒家的“礼治”思想才开始逐步落实到具体的政治制度当中。董仲舒积极促进朝廷建立服饰等级制度，他认为：“凡衣裳之生也，为盖形暖身也。然而染五采（彩）饰文章者，非以为益肌肤血气之情也，将以贵贵尊贤，而明别上下之伦，使教亟行，使化易成，为治为之也。”衣裳除了保暖遮身的实用功能外，更重要的是它的社会功能：表德劝善，区分上下等级，以利于社会教化、国家治理。董仲舒认为应当建立起这样的服饰制度：“度爵而制服，量禄而用财，饮食有量，衣服有制，宫室有度……虽有贤才美体，无其爵不敢服其服；虽有富家多赀，无其禄不敢用其财。”（《春秋繁露·服制》）他所倡导的服制，上至天子后妃，下至平民百姓，构成了一个等级森严的体系。东汉《白虎通》也有类似的话：“圣人所以制衣服何？以为絺绤蔽形，表德劝善，别尊卑也。”

汉朝建立后，直到武帝时，服饰制度还很简略，不成系统。直到公元60年，即东汉明帝永平三年，汉朝服饰制度才真正建立起来。它以“周礼”为榜样而斟酌损益，恢复了传统冕服制度，确立了朝官服饰的使用等级、皇后服饰内容以及朝官的佩绶等装饰等级制度。这是帝制王朝历史上第一套成文的舆服制度，也是儒家学说衣冠制度在中国得以全面贯彻执行的开端。其主要内容被载入《后汉书·舆服志》。《舆服志》开篇即强调："故礼尊尊贵贵，不得相逾，所以为礼也，非其人不得服其服，所以顺礼也。顺则上下有序，德薄者退，德盛者缛。"从此，服饰制度成为中华帝国的一道风景线，无论怎么改朝换代，每个王朝建立之初，都会厘定本朝服饰制度，对人们的衣装进行管控。《舆服志》是《后汉书》的首创，此后历代正史无不设列《舆服志》（或《车服志》），来专门记载有关车旗、仪仗、章服、冠履的礼仪规章制度和具体形制等内容。

东汉以后服饰制度的发展，是与专制皇权的日趋强化同步的，总体趋势是等级性不断强化，各种制度安排日趋繁密。这一发展趋势到明代可谓达到了高潮，如洪武初年对文臣武将、儒生庶民的服饰，连袖长和袖口的宽窄都有明文规定。明王朝几乎尽可能地对所有社会成员的服饰做出安排，甚至对异族番邦的冠服都有规划（见《明史·舆服志》"外国君臣冠服"条）。统治者企图通过这种制度安排，使整个社会的衣着"制服化"、标准化，让每个社会成员都能够各安其位，扮演各自的社会角色，发挥各自的社会功能，最终目的是确保朱家王朝永乐太平。

我国历史悠久的服饰等级制度，是社会等

级制度的产物，它又反过来起到了强化社会等级制度的作用。它以“礼”和法的形式，约束着每一个社会成员，任何人在衣冠方面的错乱，都意味着违礼、僭越、犯法，会受到相应的处理。

第二节 服饰等级的主要标志

服饰制度区分等级的要素，无外乎服饰的质料、纹饰、色彩、形制、佩饰等几大方面，但其中几乎每个小的细节都可以拿来当作区隔的标志，所以它的具体内容是相当繁复的，覆盖范围是相当广泛的，下面主要从冕服、冠饰、服色、纹饰、佩饰五个方面加以介绍。

一 冕 服

在古代，帝王被称为“天子”，意为天之子，他上承天意，代天理物（代替上天来统治人间），不同于凡人。在衣冠服饰方面，天子当然要与众不同，独一无二。讲论传统服饰的等级性，帝王服饰是一个很好的展示窗口。如前面已谈到的“十二章纹”、龙袍、黄袍等都与帝王相关，而其中最为典型的非冕服莫属。古时冕服【图 4–3】是王公贵族专有的礼服，多在祭祀和重大典礼活

图 4-3 冕服名称图说（周锡保《中国服饰史》）

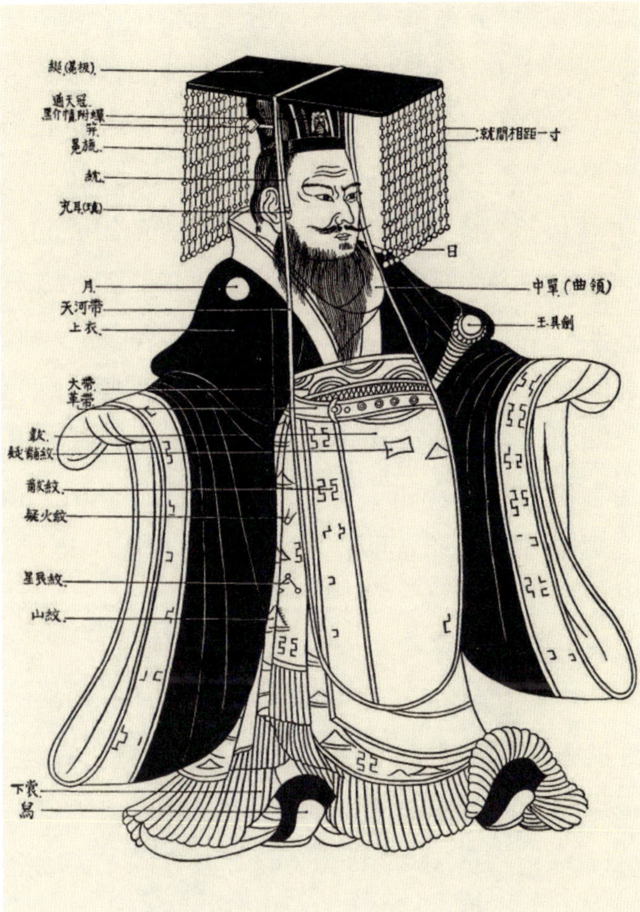

动时穿用。在此种场景下，必须明确展示帝王的至高无上，严格界定帝王与大臣之间的等级，冕服的各个组成部分如冕冠、冕服、附件和舄等，都构成区别标志与等差序列，让人一望而知。

1. 冕冠之旒的等差

在周代冕服中，天子与其他贵族的等级差别，主要表现之一是冕冠前后所垂的“旒”上。

"旒"或称"繁露""玉藻",垂旒是用彩色丝绳(又称"藻")穿缀起来的玉珠串，以其旒数的多少和玉珠的多少分辨等级。如衮冕冠，天子每旒用五彩十二玉，前后各设12串垂旒，共24旒，总计用玉288颗。公的衮冕冠用三种颜色组成的玉珠九旒，每旒9玉，前后为18旒，共享玉162颗。又如鷩冕冠，天子仍用五彩玉珠穿成的旒，但鷩冕冠所祭对象规格是低于衮冕冠的，按照礼规它只能用九旒，每旒也是用12玉，前后18旒，共享玉216颗。侯伯的鷩冕冠又低于天子，用三彩玉组成的七旒冕，前后14旒，共计用玉98颗。以下子、男、卿、大夫的冕冠旒数也相应依次递减。

2. 章纹的等差

冕服包括上衣和下裳，上衣用黑中略带微红的玄色，下裳用绛红的纁色，章纹施于衣裳。章纹的多寡是区分等级的标志，具体内容大致是这样的：天子衣裳施饰全部十二种章纹；公之冕服次天子一等，用除日、月、星辰以外，自山、龙以下的九章;侯、伯又次公一等，用除日、月、星辰、山、龙以外，自华虫以下的七章；子、男又次侯、伯一等，只能用除日、月、星辰、山、龙、华虫、火以外，自宗彝以下的后五章；卿、大夫在统治阶层中地位最低，只能用日、月、星辰、山、龙、华虫、宗彝、藻、火以外，自粉米以下的三章纹饰。据说周代将日、月、星辰三章用于旌旗之上，所以衣裳上不能再用十二种章纹。天子在原来的基础上只能用自山以下九章图案的冕服，其他公卿大臣也要相应递减，本来用九章的只能用七章，直至最后的卿、大夫只能用一章。

再以唐代章纹的等差为例。唐武德四年，朝廷发布诏令，宣布车舆、服装之令，“上得兼下，下不得拟上”，违者治罪。天下只有皇帝可用十二章，皇太子及一品之服用九章，二品之服用七章，三品之服用五章，四品之服用三章，五品之服用一章。

明代章服之制有了重大变化，衮冕与章纹仅限于皇族三代使用，皇帝衮冕仍为十二章，而文武官员失去了章服的资格，他们的等级差别主要通过补服来展现。

3. 芾上纹饰的等差

芾，即后来所称的“蔽膝”，是冕服的附件之一。芾一般用熟皮制作，制成条状，上窄而下宽，底部呈弧线形，外表涂漆，并绘有图纹，用时系佩在裳外的革带之上，遮挡于腹，下垂至膝。芾的产生，据说是对早期先民简单服饰的一种纪念标志。因为上古之民常常用兽皮来遮挡前腹和生殖部位，及至商周，服装完备，为表示对先民的纪念，特佩此物为饰。芾上图纹的标志不同，等级尊卑也不同。天子之芾为朱色，上绘龙、火、山三种纹章图案；公侯之芾为黄朱色，上绘火、山二种纹章；卿大夫只用素色（助祭用赤）绘有山一种纹章的芾。此外，舄在周代服饰中设三个等级，其中与冕服相配使用的以赤舄为贵。

冕服的等级划分，不仅使用冕服的人要按等级行事，所祭对象也同样根据不同的作用被划分出了若干等级，“六冕”等级大致情况是这样的：大裘冕，冕冠与冕服都与众不同，冕冠不设垂旒，冕服用黑色羔羊皮制成，不施任何纹章图案，为头等的礼服。衮冕是仅次于大裘冕的第二等礼服，冠服分别饰以十二旒和十二章（周代用九章）。鷩冕是位次于衮冕的第三等礼服，冠旒用九旒、服饰九章（或七章）。毳冕位又次于鷩冕为第四等礼服，冠七旒、服饰七章（或五章）。絺冕是第五等的礼服，冠五旒、服饰五章（或三章）。玄冕是最后一等的礼服，冠三旒、服饰三章（或一章）。“六冕”中除大裘冕为帝王专用外，其他五种冕服按职级用于其他贵族。透过冕服这一等级分明的礼服形式，可以清楚地看出一个等级分明的权力金字塔，从中也反映出中国古代社会中各级官员间的等序区别。

以帝王为顶点、以冕服为中心构成了男性等级金字塔，同样，也有一个以王后为顶点、以各种礼服为中心的女性等级金字塔，来区别王后、嫔妃、命妇等之间的身份等级，限于篇幅，此处就不展开具体讨论了。

二 冠 饰

古人重视冠饰，《礼记》中说："故冠而后服备，服备而后容体正、颜色齐、辞令顺。故曰：冠者，礼之始也。"强调冠在服饰中的首要地位。也非常重视通过冠饰来标志身份、区分等级，因为冠戴于首，处于上，正如《史记》中所说："冠虽敝，必加于首；履虽新，必关于足。何者，上下之分也。"古代用冠来区分等级，具体的做法非常繁复，这里主要通过梁冠来加以说明。

梁冠，有横脊的礼冠，因冠顶上有高高耸起的梁饰，所以被称作"梁冠"，梁数的多少是区别等差的主要标志。梁冠有多种，通天冠、进贤冠、高山冠、远游冠等都属于梁冠，这里重点介绍群臣所戴的进贤冠。最早作为朝服区分官员等级使用梁冠的是汉代，起初只分为三等，制度比较粗疏。公侯地位较高用三梁冠；卿大夫、尚书、博士次之，用两梁冠；博士以下小史及私学弟子等均用一梁冠。

宋代的梁冠制度已比较完善，朝廷规定：梁冠共设七个等级，其中，列第一位的是在七梁冠上加"笼巾"。这种梁冠又叫"貂蝉冠"，是用竹藤丝编成的长方形冠，外面用黑漆漆饰，冠的左右两侧饰有似蝉翼的两片冠饰，冠正面饰有银色花朵，上面缀有黄金附蝉。南宋时又改为玳瑁附蝉，并在玉鼻左侧插饰貂尾。戴这种最高级冠的一般为三公、亲王等。排在第二位的是不附加貂蝉笼巾的七梁冠，这种冠除少了貂蝉笼巾外，其余大体同于貂蝉冠，官职为枢密使、太子太保者（一品官）才有资格戴这种冠。列第三等的是六梁冠，为左右仆射至龙图阁直学士诸官（一至三品官）所专用。第四等为五梁冠，为左右散骑常侍至殿中少府、将作监之类文武官员（三至四品官）所戴。四梁冠列第五等，为九寺少卿、侍御史、尚书左右司郎中、员外、朝奉大夫、驸马都尉等官员（四至七品官）所戴。三梁冠列第六等，为殿中侍御史、监察御史、司谏、尚书六曹员外郎等官员（七品官）所戴。二梁冠等级最低，列第七等，为在京职事官、看班祗候、率府副率及内臣（七品以下）所戴。[①]

明代在沿袭参照汉、唐、宋代梁冠的基础上，又总结制定出了一套更为周全的梁冠等级制度，共分为八等：最高级的是八梁冠，为公所专用，冠上设有笼巾貂蝉，立笔，前后饰有玉蝉。七梁冠，为侯、驸马和一品官员所使用，三者的等级区别在于侯的七梁冠上也设有笼巾貂蝉，立笔，前后玳瑁蝉，笼巾上还插饰雉尾；驸马的七梁冠与侯的基本相同，但不插饰雉尾；一品官的七梁冠则不设任何的装饰。以下二品官用六梁，三品官用五梁【图 4-4】，四品官用四梁，五品官用三梁，六品、七品官用二梁，八品、九品官用一梁。

① 赵连赏：《服饰史话》，北京：社会科学文献出版社，2011 年，第 98—99 页。

图 4-4 孔府旧藏明代五梁冠

以冠饰作为官员等级标志比较突出的还有清代官员官帽上的顶子。顶子指的是冠的顶端镶嵌的圆形饰物，人们可以通过官员所戴冠帽上所饰不同质地的顶子判断其官职的高低。如一品用红宝石做顶子，二品用珊瑚【图 4-5】，三品用蓝宝石，四品用青金石，五品用水晶石，六品用砗磲，七品用素金，八品、九品用金色无饰的顶

图 4-5 清代二品吉服冠珊瑚顶

子。顶子因此常常成为官员的代称，如晚清胡雪岩，人们喜欢称他为红顶商人，因为他亦官亦商。还有说“以人血染红顶子”，表示通过残忍地杀戮而换取高官。

三 服 色

用服色（服饰颜色）来区分尊卑由来已久。如前所述，西周时已有“五色”观念，并将色彩分为正色和间色，正色为尊，间色为卑。当时的王公贵族对衣着的颜色十分讲究，如赤、黑（玄）二色既是贵色，也为吉色，他们通常以黑色衣料制作礼服，在祭祀、婚仪、冠礼等庄重场合穿着。但从总体上看，先秦时期服色的贵贱之分还不严格，大体只能据以区分贵族与庶民、奴隶之间的界限，而不能严格区分天子、诸侯、卿大夫、士之间的等级差异，尚未形成以服色区分社会成员的具体身份和官秩高低的等级序列。直到秦汉魏晋南北朝时期，利用服饰颜色来区分社会成员身份贵贱、官位高低的制度还很不成熟，处于一种过渡阶段。如汉成帝时，规定庶民常服，只准用青、绿二色，所以当时婢女的代称即为“青衣”。服色等级制度的成熟和完备是在隋唐时期，其标志就是“品色服”制度的形成。

利用服色来区分等级这一悠久传统，在发展中不断得以规范化、制度化，最终形成了“品色服”制度。这个制度从隋代开始出现，唐代正式制定。隋朝炀帝大业元年（605），下诏命令五品以上通服朱紫，以区别于低级官吏和庶民百姓。大业六年（610），又下诏书明确规定：“五品以上，通着紫袍；六品以下，兼用绯绿。胥吏以青，庶人以白，屠贾以皂，士卒以黄。”（《隋书·礼仪志》）

这就形成了以不同服色区分身份贵贱、官位高低的等级序列。但不同品级的官员之间，其服色区别，规定得还相当粗疏，可视为“品色服”的原始形态。唐朝开国之初的武德年间，服饰礼仪沿袭隋制，但也有创新，规定亲王及三品以上“色用紫”，四品、五品“色用朱”，六品、七品“服用绿”，八品、九品“服用青”，流外官、庶人、部曲（贱民）、奴婢“色用黄、白”（《新唐书·车服志》)。这一规定相当精细,基本上成为唐朝"品色服"等级序列的定制，后世虽有调整，但变易有限。唐上元元年(674)，高宗又"敕文武官三品以上服紫，金玉带(束腰之革带以金、玉为饰物)；四品深绯，五品浅绯，并金带；六品深绿，七品浅绿，并银带；八品深青，九品浅青，鍮石带；庶人服黄，铜铁带"(《旧唐书·高宗纪》)。这一规定使九品之官服色各异，所有社会成员的等级身份，大小官员的品秩序列，都显示得清清楚楚，服色成为社会身份的鲜明符号，"品色服"制度至此已极其细致周密。此外，隋唐时期，是黄色开始成为帝王御用服色的时期，这一点前文已有阐述，此不赘言。

至此，服色形成了一个严格的等级序列，哪一种身份的人穿着哪一种颜色的服饰，皆有定制，不得错乱，不得"僭越"，服色等级制度得以强化。公卿高官衣着朱紫，荣宠显赫；工商、皂隶、屠沽、贩夫这一类普通百姓，身穿白衣，寒酸卑贱。高低贵贱，真正是一望便知。

唐代官员的服色变换，在诗人的诗中也有反映。如唐代大诗人白居易，一生为官数十年，他的第一个官职是校书郎，属七品官，穿青绿袍，久不升迁，作诗云："白发更添今日鬓，青衫不改去年身。"他44岁因得罪权贵，被贬为江州司马，又写下"座中泣下谁最多？江州司马青衫湿"

的诗句。着青衫，显然不过是卑微的八、九品小官。47 岁时，他终于熬出点儿头了，从江州司马改任忠州刺史，是四品官，穿上了绯色袍，又作诗曰："徒使花袍红似火，其如蓬鬓白成丝。"诗中充满了志未酬、人先老的悲凉。他到 50 岁时被提拔为朝散大夫，再穿绯袍。直到唐文宗时，他才熬到秘书监，穿上紫袍，又有诗云："紫袍新秘监，白首旧书生。"诗中仍充满悲凉之情。唐诗中此类事例还很多，再举白居易的几首诗为例：如"雪中退朝者，朱紫尽公侯"；"翩翩两骑来是谁？黄衣使者白衫儿"。再如"绿衣监使守宫门，一闭上阳多少春？""上阳"即上阳宫，妃嫔所居；"绿衣监使"则指掌宫太监。唐代掌宫闱出入的"宫闱令"，或掌宫人簿籍的"掖庭令"，都是由太监担任的从七品的内官，而六、七品官，按规定又只能穿着绿衣，故以"绿衣监使"相称呼。

北宋时期，官员的"品色服"因袭唐制。宋初规定三品以上服紫，五品以上服朱，七品以上服绿，九品以上服青。宋神宗时，改为四品以上服紫，六品以上服绯，九品以上服绿（《宋史·舆服志》）。尽管服色有所调整，但"品色服"制度仍被严格遵行。到了南宋，服色的等级界限被冲垮，百官公服尽着紫窄衫，且无品秩的限制。据说当时上至官员，下至百姓甚至贱民，都流行穿着紫衫。这种情况的出现，与当时商品经济发展带来的社会风尚的改变有关，特别是那些富商大贾，不满官方强加给他们的低下的等级，以大胆的“僭越”行为，公开向“品色服”提出了挑战。

到明清时期，因补服制度的出现，“品色衣”虽仍存在，却已让位给补子，成为辅助性质的标志了。到了清代，上自王公大臣，下至九品芝麻官，官服都是同一种颜色，整体表现是由蓝色向石青色逐渐过渡，乾隆年间，明确规定补服只能使用石青色。

此外，顺便谈一下，等级色制度不仅表现在服饰上，而且渗透社会生活的诸多方面，如门户、居室、车舆、佩饰等等。如从晋朝以来，“朱门”就是王公显贵之家宅第的标志，杜甫的名句“朱门酒肉臭，路有冻死骨”，李约的名句“朱门几处看歌舞，犹恐春阴咽管弦”，就都是以“朱门”代指公侯贵族之家的。平民的居室不得施彩，故以“白屋”为称；其所着衣衫尽为白色，故卑称之为“白衣”；他们不识字、不做官，也被贱称为“白丁”，故有“谈笑有鸿儒，往来无白丁”的诗句。

四 纹 饰

利用纹饰图案来区分等级是中国古代服饰制度的一大特色。这一做法由来已久，如前面谈到的西周“十二章纹”最为典型。再如龙纹、凤纹，常常用来标志皇帝和皇后的至尊身份，一般人不得僭用。这一传统在历代发展中逐渐系统化、规范化，最终形成了“补服”制度。

所谓“补服”，俗称“补子”，是明清时期官服的一种，由于其前胸和后背位置各缀饰有一块不同图案或方或圆的织物，因而得名。补服始创于明代初期，特点是借用织绣的禽兽、花草等动植物的图案区分朝廷官员们的等级。

和“品色服”相比，补服区别品秩的功能来得更加简便直观，更便于朝廷分类管理各类官员，因此，“品色服”制度让位给补服制度，可说是一种历史发展的必然。

与明代补服类似的做法，在唐代已经出现。唐高祖元年，高祖李渊诏令诸卫将军，每岁至十月一日，皆服缺胯袄子，织成紫瑞兽袄子；左右武卫将军服豹文袄子；左右翊卫将军服瑞鹰文袄子；其七品以上陪位散员官等，皆服绿无文绫袄子（马缟《中华古今注》）。虽然涉及的人群范围较窄，纹饰图案也很简略，但这已经跳出了冕服以组合图案为装饰的模式，开始了选用单一不同类型动物图案为装饰内容的尝试，与明代补服形式和作用已相当接近。此后，武则天又颁“绣袍”，文官绣禽、武官绣兽，这类绣袍在形式和内容上都为后世补服制度的确立打下了最有效的基础。

在元朝的官服制度中，注意利用花卉的图案来区别官员公服的等级。官员公服的等差大致为：一品服紫，大独科花，径五寸。二品，小独科花，径三寸。三品，散答花，径二寸，无枝叶。四品、五品，小杂花，径一寸五分。六品、七品，绯罗小杂花，径一寸。八品、九品，绿罗，无文(《元史·舆服志》)。元代在百官公服上织以不同大小的花朵纹，用以区分官员等级的制度在明初直接被继承下来，如明初规定官员公服：一品，大独科花，径五寸；二品，小独科花，径三寸；三品，散答花，无枝叶，径二寸；四品、五品，小杂花纹，径一寸五分；六品、七品，小杂花，径一寸；八品以下，无纹（《明史·舆服志》)。

明代洪武二十四年（1391），又制定了一套更为科学的文武官员的常服制度：公、侯、驸马、伯服，绣麒麟、白泽。文官：一品仙鹤，二品锦鸡，三品孔雀，四品云雁，五品白鹇，六品鹭鸶，七品鸂鶒【图 4–6】，八品黄鹂，九品鹌鹑；杂职练鹊；风宪官獬豸。武官：一品、二品狮子【图 4–7】，三品、四品虎豹，五品熊罴，六品、七品彪，八品犀牛，九品海马（《明史·舆服志》)。此外，明代常服等差标志与公服一样，在用补案表示的同时，又配以不同的束带饰物，共同构成常服的等差系统。明代补服在昭明官员等级的同时，首次将文武官员的身份用系列规范的标志形式表现出来，如公、侯等用麒麟、白泽，文官用飞禽，武官用走兽。这种分类分等的新形式，更能有效

图 4-6 明文官七品鸂鶒补

图 4-7 明武官一品、二品狮子补

地发挥服饰的等级功能。

自明代中期始，朝廷还利用一些更独特的图案作为补案，专饰于皇帝对有功的朝臣和近侍们的赏赐之服，如蟒服、斗牛服、飞鱼服等。《明史》中记载，永乐以后，围绕在皇帝身边的宦官，必穿蟒服，次一等则为飞鱼服、斗牛服。蟒、飞鱼、斗牛等都是“像龙之服”，成为那些有权势太监的常用之服。所以明代学者谢肇淛感叹说：“国朝服色之最滥者，内臣与武臣也。内官衣蟒腰玉者，禁中殆万人。”

明代补子的具体形制。补子上下均作正方形，边长一般在 32—40 厘米之间。按照明代服制的规定，官员之妻或母（命妇）可穿与其同等级的补服，男补大而女补小。如 1981 年在江苏泰州徐蕃夫妇墓出土的补服实物，徐蕃之补为孔雀，与其三品官位相符，边长为 39 厘米；其妇之补为一品的仙鹤，似有僭越之嫌，边长为 32 厘米。明代文官补子一般采用双禽图案，武官则用单兽图案。

清代补服在内容与形式上大体承袭了明代补服，当时一般被称作“补褂”。由于清代是满族统治，也导致清代补服的具体细节与明代补服有较大差异。主要体现在这几个方面：其一，衣形的差异。明代补服为传统的圆领或斜领的右衽袍，前胸和后背的补案均可以完全施饰在胸背一片织物之上。而清代的补褂是穿在袍服之外的外罩，其样式为圆领，长袖，对襟，平袖口，两襟用帛扣相对纽襻。因为是对襟的设计，使得后背的补子图案完整，而前胸的补子则被分为了左右两半。其二，补子的样式有所不同。明代补子样式为方形，而清代的则有方又有圆。按照清代服制，亲王及以下包括郡王、贝勒、贝子等都穿补服，但所穿补服的补子形制为圆形。镇国公、辅国公、和硕额驸、公、侯、伯等贵族及品官官员的补子则与明代相同，采用方补。其三，清代补子规格较明代小一些，边径大约都在 30 厘米左右，绣上去的。其四，在补子图案的具体内容方面，清代亲王、贝子等圆补之上还可分别纹饰为数不等、造型各异的龙、蟒等；镇国公等补子图案虽也可用蟒，但补形则只许用方补。品官和其他官员的补服内容同于明代，文官用飞禽，武官用猛兽。其五，补子的内容结构、布局安排略有不同。明代的鸟兽纹较为写实，大都作为主体，并常成对出现；清代鸟兽纹较小，上方衬景有祥云及代表冀望高升的太阳，下有八宝立水，或海水江芽等，或再配置道家暗八仙，或佛家八宝，以及蝙蝠、牡丹等寓意或谐声吉祥的图案。

清代补服制度的具体等差大致为：亲王补服为绣五爪金龙四团，前后圆补为正龙图案，两肩饰行龙；郡王补服为前后及两肩各绣五爪行龙一团；贝勒补子图案为前后四爪正蟒各一团；贝子和固伦额驸补子为四爪行蟒各一团；自镇国公以下，至辅国公、和硕额驸、公、侯、伯的补子图案均相同，都用方形补子，图案则都用四爪正蟒；镇国将军以下品官补子大体如同明代品官补子制度，如文官一品鹤【图 4–8】，二品锦鸡，三品孔雀，四品雁，五品白鹇，六品鹭鸶，七品鸂鶒，八品鹌鹑，九品和未入流官练鹊，武官补子图案一品麒麟【图 4–9】，二品狮，三品豹，四品虎，五品熊，六品彪，七品、八品犀，九品海马，正副都御史、监察御史、按察史等执法官员的补案仍然采用传统的獬豸图案为饰（《大清会典图》）。[①]

① 赵连赏：《服饰史话》，北京：社会科学文献出版社，2011 年，第 171 页。

图 4–8 清代两江总督袍服之一品文官仙鹤补

图 4-9 清代彩绣麒麟纹武官一品补子

图 4-10 河南三门峡出土周代七件组佩璜

五　佩　饰

古人不仅用各种佩饰来美化自身，而且用它来标志身份等级。在服饰等级制度中，就包含佩饰制度。这里主要从佩玉制度、佩绶制度和腰带佩饰制度三个方面谈谈其中的等级关系。

1. 佩玉制度

佩玉是古人的一种风俗，商周时期的人们认为，玉是人格的象征，以玉比德、望玉观人是当时的社会风尚，因此有“君子无故，玉不去身”的说法。商周时期众多的遗址墓葬中出土了大量的玉器也能证明这一点【图 4-10】。当时贵族都以佩玉来展示自己的身份，并且玉的佩饰，已形成制度，明确作为一种等级的标志，玉佩的等级区分主要表现在玉的质地上。周礼规定，天子可佩品质最佳的纯白美玉——白玉；公侯次之，佩青色略含斑纹的第二等美玉——山玄玉；大夫地位又次一等，佩含有一定斑纹碧色玉——水苍玉；第四等为世子所佩鲜红色的瑜玉；最后一等为士所佩含有多种彩纹的瑧玉。这种佩玉制度不仅用于各级官员之中，也用于宫廷的各级嫔妃贵夫人之间。

东汉明帝重建冕服制度时，对传统佩玉制度又重新进行恢复，并予以重视，《后汉书·舆服志》记载：至孝明皇帝，乃为大佩，冲牙、瑀、璜，皆以白玉。所谓“大佩”，也称作“杂佩”，指连缀在一起的各种佩玉。汉代的大佩只能在祭祀、朝会等重要场合使用。这种大佩的形式，使用延续时间较长，到明代仍在使用【图 4–11】。

图 4–11 北京定陵出土的万历皇帝玉佩

2. 佩绶制度

绶是用五彩丝线织成的网状丝织物，悬挂在革带上，以不同的色彩来区分不同等级。在两周时期绶悬挂在腰后，故有“前韨后绶”之说。进入帝制王朝之后，佩绶区别等级的功能日益严格。它除作为帝王冕服上一个重要佩饰外，在汉代多和官印一同佩带，所以也称为“印绶”或“玺绶”。

汉代制度规定官员必须佩带官印，并在腰上悬挂绶带，作为官阶高低的标志。退职或死后，官印和绶带一同交还。官印有玉、金、银、铜质，绶带的长短、颜色及用丝量依官员级别高低而不同。[①]如《后汉书·舆服志》规定：皇帝用黄赤绶，黄、赤、缥、绀四彩，长二丈九尺九寸（汉代 1 尺大约为今日 23.1 厘米），五百首；诸侯王赤绶，赤、黄、缥、绀四彩，长二丈一尺，三百首；公、侯、将军紫绶，紫白二彩，长一丈七尺，一百八十首；九卿（中央政府九个主要的官职）、中二千石、二千石（地方郡守级官员）青绶，青、白、红三彩，长一丈七尺，一百二十首；千石至六百石（太史令、郡丞等）黑绶，青、赤、绀三彩，长一丈六尺，八十首；四百石至二百石（县丞、尉的最低级）黄绶，一彩，长一丈五尺，六十首；百石（地方官自聘的低级属官）青绀绶，一彩，长一丈二尺。

① 吴爱琴：《我国古代服饰中的佩挂制度》，《开封文博》2003 年总第 27 期。

佩绶制度自汉以后流传下来，但绶带的色彩规格时有变化。如唐时冠服制度规定，佩绶只用于六品以上的官员，并对佩绶方式加以变革。佩绶制度发展到明代，主要以色的多少及花纹来区别等级，规定：一、二品佩云凤四色花锦，三、四品佩云鹤四色花锦，五品佩盘雕四色花锦，六、七品佩练鹊三色花锦，八、九品佩鸂鶒二色花锦。到清代佩绶制度被顶戴制度所取代，所谓顶戴制度，即以顶冠顶子的质料及翎子的不同来区分官员品级高低的制度。

3. 腰带佩饰制度

古时腰上所悬挂的佩饰具有明等级、辨身份的作用，腰带本身也具有这一功能，且主要以腰带上的饰物来体现。我国古代用来悬挂佩饰的主要为革带，春秋时胡人的带钩被中原地区所采用，带与钩并用，带钩依佩带者身份不同，有玉、镂金、嵌金银、铜铁之分。到南北朝时，由于受北方少数民族影响，革带变得越来越讲究，常常以金玉珠宝作为装饰。唐代革带制作十分考究，外表往往用各色绸绢包裹，故称作“鞓带”。根据绸绢颜色的不同，故有“红鞓”“黑鞓”“青鞓”之称。唐时以黑鞓为主，鞓带上的饰物称为“銙”，銙是用金、玉、银、犀角等材料制成的一种牌饰，多为方形，间有圆形，其数目的多少及所用的质料依佩带人的身份各有定制【图 4-12】。贞观时

图 4-12 唐代狮纹白玉带銙

规定最繁时达十三銙之多。

唐代有明确的用带銙制度，《新唐书》记载：三品，金玉带，銙十三；四品，金带，銙十一；五品，金带，銙十；六品、七品，皆银带，銙九；八品、九品，皆鍮石带，銙八；流外官及庶人，铜铁带，銙七。可见带銙的多少及质料的不同成了此时等级的一个标志。

宋时继承了唐代革带传统，只是制作更加考究，带銙的质料及纹样也更加多样化。此时銙有方团銙和方銙之分，方团銙即带銙有方有圆，是一种等级较高的革带，真宗大中祥符年间明令规定，除恩赐外，一律禁止佩带。方銙，即方形带銙，其銙排列紧密者，称为“排方”。其中刻有荔枝带的排方金带，是赏赐将相用的，三品以上才可穿用。

宋代用带制度也很严格，太平兴国年间规定服制：三品以上系玉带，四品以上系金带，四品以下升朝官（指在朝廷常朝时能朝见皇帝的高级官员），未升朝但已赐紫绯者、内职诸军校并系红鞓金涂银排方带，虽升朝但着绿者，公服上不许系银带，其余官员系黑银方团及犀角带，儒生、士庶系铁角带。至于玉带，实际上只有皇帝及皇太子专用，就是三品以上的官员都不敢系用。[①]

革带发展到明代，多变得宽而圆，不像唐宋时紧束腰身，而是束得很宽松，不贴腰身，靠袍服肋下的细带悬挂在腰间，就像中国传统戏曲中所表现的一样。明代的革带随官职高低而有所区别，一般品官的革带多为红鞓，五品以下及进士则多用青鞓。

穿常服时所配革带：一品用玉，二品花犀，三品金钑花，四品素金，五品银钑花，六品、七品素银，八品、九品乌角。公侯、伯、驸马的束带与一品同，用玉带；杂职官与八品、九品相同，用乌角带。穿朝服时所配革带与常服大体相同，即：一品佩玉，二品花犀，三品、四品金，五品银钑花，六品、七品银，八品、九品乌角。穿公服时则有所不同，规定：一品玉，或花或素，二品犀，三品、四品金荔枝，五品以下乌角。

清代腰带已不再用革带而用丝带，对官服的束带颜色规定：宗室用黄，其他都用石青或蓝，或用油绿织金。束带上面装有或方或圆的版饰，版饰上嵌有各种珠宝，依照规定按官员品级递减。[②]

最后再简单谈谈针对庶民的服饰禁令。朝

① 吴爱琴：《我国古代服饰中的佩挂制度》，《开封文博》2003年总第27期。
② 吴爱琴：《我国古代服饰中的佩挂制度》，《开封文博》2003年总第27期。

廷官员命妇各有其官服昭显等级，对普通百姓而言，历代王朝则往往通过“不许穿什么”的方式来维护等级秩序。下面以明代为例略加说明。

最早的庶民服饰规范见于《大明令》，它规定：

> 庶民男女衣服，并不得僭用金绣，许用纻丝、绫、罗、绸、绢、素纱，金首饰一件，金耳环一对，余只用银翠。帽顶帽珠并不得用金、玉、珊瑚、琥珀，靴不得制造花样，金线装饰。

到洪武三年（1370）进一步规定：

> 庶民男女衣服并不得僭用金绣、锦绮、纻丝、绫罗，许用绸、绢、素纱，其首饰钏镯并不许用金、玉、珠翠，止用银。靴不得裁制花样金银妆饰。

洪武五年（1372）规定：

> 民间妇人礼服，惟紫绝，不用金绣。凡妇女袍衫，只许用紫、绿、桃红及诸浅淡颜色，不许用大红、鸦青、黄色，带用蓝绢布。

洪武六年（1373）开始对庶民穿戴的限制进一步细化：

> 洪武六年令庶民巾环不得用金、玉、玛瑙、珊瑚、琥珀；庶民帽不得用顶，帽珠许用水晶、香木。
>
> 洪武十四年令农民之家许用绸、纱、绢、布，商贾之家止许穿绢、布，如农民之家但有一人为商贾者，亦不许穿绸、纱。
>
> 洪武二十二年令乡村农夫许戴斗笠、蒲笠，出入市井不禁，不亲农业者不许。
>
> 洪武二十三年令耆民衣制，袖长过手，复回不及肘三寸。庶人衣长，去地五寸，袖长过手六寸，袖桩广一尺，袖口五寸。
>
> 洪武二十五年以民间违禁，靴巧裁花样，嵌以金线蓝条，诏礼部严禁庶人不许穿靴，止许穿皮札𩋾。

庶民之间，也有等级区分，士农工商，商人最低。农民许穿绸、纱，商贾之家则不许，如农民之家有人为商贾，亦不许穿绸、纱。

明代中后期，由于商品经济的发展，民间日渐富裕，以富商为代表的社会群体在衣着上开始突破等级界限，引起朝廷关注，此时的服饰禁令往往是以禁奢令的形式出现的。试以成、弘年间几件禁令为例加以说明：

成化二年八月《申明僭用服饰器用并捉究制造人匠问罪例》

成化四年二月《禁约奢僭例》

成化四年三月《禁约官员军民人等服器屋舍嫁娶丧葬等项不许僭用奢侈例》

成化十一年八月《禁约僭用浑金禁色段匹花样》

成化二十年十月《军民之家服饰不许违禁例》

成化二十年十二月《禁奢僭以需国课》

弘治元年闰正月《禁约奢僭及刊行御制诸书例》

弘治元年五月《申明禁约民间服饰奢僭例》

弘治二年三月《申明禁奢僭服用纵容犯奸例》

弘治四年正月《禁约军民并妇女人等胡服胡语初犯照常发落再犯枷号匠作一体治罪》

官员也积极建言朝廷加强对民间服饰僭越进行查禁。如嘉靖年间副都御史汪鋐（弘治十五年进士）《钦遵圣训严禁奢侈疏》：

> 今之富民男女衣服首饰，僭用太甚，遍身锦绣，盈头金宝，恬不为异。合无行令巡按御史，督同府州县掌印官，严加禁约。今后但有前项违禁服饰，许地方里老邻佑捉拿呈送，依律问罪，服饰追夺入官。如是地方徇情不举，事发一体究治。

但到明晚期，这些针对民间的服饰禁令往往流于具文，失去效力。

第五章　遵礼从俗

礼俗，即礼仪与习俗。礼与俗两分，殊途而同归。古语说："十里不同风，百里不同俗"，古人又讲"移风易俗""以礼化俗""以礼制（约）俗"，表明礼与俗之间存在差异。汉代以后，作为贵族标志的礼仪也逐渐普及到庶民社会，特别是唐宋以来"家礼"的风行更是推动了礼与俗的合流。礼与俗不再容易两分，往往你中有我，我中有你，于是便有"礼俗"这种合称。

第一节　礼俗活动中的服饰

礼最初指祭神的宗教仪式，后来扩展到人事，指古代贵族（天子、诸侯、卿大夫、士）在各种场合，如祭祀、丧葬、相见、军旅、婚嫁、宴乐等奉行的仪式与规范。这些仪式与规范并非民间风俗，而是以王者或朝廷名义制定的，是古代国家制度的重要组成部分，制定礼仪是天子权力的象征，故《礼记·中庸》说："非天子，不议礼。"不同的阶层，不同的身份，都各有相应的礼制，礼的各种繁文缛节及其差别，体现的是宗法社会中的等级秩序与亲疏关系，也就是一个人身份的象征。

"礼"最初只是贵族社会的专利，是贵族身份的标志，只有士以上的身份才有资格学习礼仪、奉行礼仪、参加典礼等，所以古人才说"礼不下庶人"。当时的社会状况可以说是士以上遵礼，庶民则从俗。周代礼制已相当系统完备，在《周礼》中将它分为吉、凶、军、宾、嘉五个名目，“五礼”之下又分为种种细目。在“五礼”中，吉礼是祭祀天地祖宗的宗教礼仪，凶礼是哀吊死伤灾祸的礼仪，军礼是与军旅活动有关的礼仪，宾礼是君臣以及各色人等相见的礼仪，嘉礼是喜庆活动的礼仪。此后历代王朝制定礼制都以“五礼”为范本，并成为国家礼制的总称。

这里主要从人生礼俗和岁时节庆礼俗两个方面谈其中的服饰状况。

一　人生礼俗

人的生命短暂而又绚丽多彩，要经历诞生、婴儿、儿童、少年、青年、中年、老年等不同人生阶段。因为生命的宝贵以及生命历程的丰富，以敬畏和虔诚之心来对待生命的每一个阶段成为人类共同的情怀。为了表达这种敬畏与虔诚，赋予人生不同阶段以不同的意义，于是就产生了种种人生礼俗活动，其中以诞生、成人、婚嫁、丧葬等最为重要。在这些礼俗活动的每一个重要环节上，服饰都起到了指引和标志的作用，有着丰富的意蕴。正如《礼记》所言：“治其麻丝，以为布帛。以养生送死，以事鬼神上帝。”

1. 诞生礼

实际上又包含生命降生仪式（“洗三”）、进入人群仪式（“满月”）、预卜前程的仪式（“周岁”)。《诗经》有云：“乃生男子，载寝之床。载衣之裳，载弄之璋。……乃生女子，载寝之地。载衣之裼，载弄之瓦。”生下男孩，就让他睡在床上，给他穿衣裳，给他玩玉璋。生下女孩，就让她睡在地上，裹以包被，给她玩陶质纺锤。这是后世“弄璋”（生男）“弄瓦”（生女）之喜的由来。从中可看出，当时对生男生女有不同的习俗，男婴女婴在服饰等多方面存在差异。

传统上一般在婴儿出生后第三天举行庆贺仪式，谓之“洗三”或“三朝”。传说，每当婴儿降生人世，不免要带来上一世的一些污垢，而来世之后，要想平安，就要洗一洗。“洗三”是家庭庆贺添丁增口的仪式，也是标志新生儿脱离母体降生人世的象征性仪式。洗完后婴儿穿上新衣，亲朋馈赠婴儿礼物，比如玉佩、如意，等等。所谓婴儿衣，即襁褓或衣褓，指背负婴儿用的宽带和包裹婴儿的被子。

满月时，许多地方都要隆重地为孩子举行第一次剃头的仪式，俗称“去胎发”。民间礼俗活动的细节往往在世俗小说里有生动展现，《醒世姻缘传》第二十一回详细描述了晁梁过满月剃胎发时的热闹场景：

瞬眼之间，过了年，忙着孩子的满月，也没理论甚么灯节。十六日，春莺起来梳洗，出了暗房……又与小娃娃起了个乳名叫作小和尚。吃过了早饭，可可的那十六日是个上好的吉日……正正的一个剃头的日子，又甚是晴明和暖，就唤了一个平日常剃头的主顾来与小和尚剃胎头……渐次先是那些族里的婆娘们，又是众亲戚的女眷，都送了礼来与小和尚满月，都有与小和尚的东西，连那本族妇人也有五六分重的银钱银铃不等……（刚剃过胎发的晁梁）月白脑塔上边顶着个瓢帽子，穿着浅月白袄，下边使蓝布绵褥子裹着。

满月剃发，仪式极为隆重，前来庆贺的众人都有送给孩子的礼物，“银钱”“银铃”都是可以佩戴在身上避邪求吉的饰物。

紧接满月，还有在一百天时所举行的庆贺仪式，称“百岁”，又称“百禄”等，含义都是祝福小孩能够健康长寿。民间有给婴儿吃百家饭，穿百家衣，挂百家锁的风俗。也有在满百日时剃发的。

周岁生日，是小孩诞生礼的最后一个高潮。除了与满月、百岁一样要办酒席庆贺之外，这一天还要特别举行检验小孩天赋和卜测未来前途的“抓周”仪式【图 5-1】。“抓周”时，家族众人和亲戚朋友围着孩子，孩子则穿着新衣新

图 5-1 明代《抓周图》

鞋。南北朝时期就流行此俗，颜之推《颜氏家训·风操篇》里有记载："江南风俗，儿生一期为制新衣，盥浴装饰，男则用弓矢纸笔，女则用刀尺针缕，并加饮食之物及珍宝服玩，置之儿前，观其发意所取，以验贪廉智愚，名之为试儿。"明清时此俗也甚流行，《红楼梦》中描述了贾宝玉周岁时抓周胭脂盒的细节。

2. 冠礼和笄礼

古代男子年满二十岁，女子年满十五岁，便要通过一定的仪式标志其进入成人，生理上成熟了，可以谈婚论嫁了。这一礼仪主要是通过男子头上加冠和女子发式（饰）的改变为标志而完成的。这体现了服饰标志性别、年龄和社会角色的功能。

古代男子一般二十岁时行冠礼，戴上成年人的帽子表示业已成年，称"弱冠"，如西晋左思《咏史》诗："弱冠弄柔翰，卓荦观群书。"但据说周天子比较特殊，往往在十二至十五岁时就举行冠礼，古书里说"文王年十二而冠，成王十五而冠"（《通志·礼略》）。冠礼仪式在祖庙中进行，是一项极为隆重的礼节，属于吉礼之一。一般而言，由受冠者的父亲来主持这一仪式，但也有长兄为小弟主持冠礼的情况。古人对冠礼非常重视，冠礼之前，要先"筮日筮宾"，即通过卜筮来确定举行冠礼的吉日和请哪位来宾为青年加冠。到了加冠之日，冠者的父亲先在其祖庙阼阶偏北的位置设好冠者的席位，所谓“阼阶”就是东阶，为主人接待宾客之位。嫡子冠于阼，就表明从此以后受冠者有了代替父亲接待宾客的权力。加冠仪式开始时，冠者从东房出来就受冠席，并由辅助加冠的来宾为其梳头、挽髻、加簪等，将头发梳理成成人发髻。发髻挽成后，再由事先选定的加冠者给受冠青年戴冠。冠的形制正如前面谈到的，只是加在发髻上的一个罩子，形制甚小，不能覆盖住整个头顶，与后世帽子迥乎不同。冠的作用主要是把头发束住，同时也是一种装饰。古人以冠名服，戴不同的冠要配上相应的衣服，所以冠礼虽然名为加冠，其实每加一种冠也包括更换一次衣服。

加冠一般是加三次。首先加缁布冠，即用黑麻布做成的帽子，表示不忘本，或说表示从此可以治人、治家。其次加皮弁冠。最后加爵弁冠，是类似帝王公卿所戴冕冠，但又不用垂旒的一种冠。这种冠前小后大，其色红中带黑，多用极细的葛布或丝帛做成。由于其形如爵（古代酒器），爵又似雀，故又名雀弁冠，据说加此冠表示从此就有了参加祭祀的权力。以上所说是一般士人的冠礼，其冠为三加。如果是诸侯的冠礼，其冠则为四加，即在士冠礼三加的基础上，再加玄冕。若是天子的冠礼，其冠则为五加，即在诸侯冠礼四加的基础上，再加衮冕。

加冠完毕，众人以酒向受冠青年表示祝贺。然后受冠者由西阶下，去拜见母亲。见母后回到西阶以东，由负责加冠的来宾给他授字。字就是表字，是举行冠礼时由亲友根据名的字义另取的别名。为什么要取字呢？因为名是由父亲起的，主要用于幼年；长大成人后，别人不宜呼叫他的名，所以得另取字。[1]命字以后，冠者换上玄色的礼帽礼服，以成人身份拜见其兄弟、姊妹、先生及前来祝贺的乡邻。其父以酒款待来宾，并送主宾束帛等，最后敬送宾客出门。这种种拜见，都是要表明受冠者已是成人，可以出仕做官、成家立业、生儿育女了。

冠礼是人生礼俗中的一项盛典，始自商周，以后历代延续，略有损益，在具体礼节与所用服装上都存在差异，如加冠次数有一加、二加的情况，再如宋代士大夫家庭举行冠礼，往往不分主宾，俱用“帽衫”，戴乌纱帽，穿皂罗衫，系兽角带等。虽然如此，但冠礼的形式长期保留，一直流行于古代社会。

与冠礼相对应，古代女子满十五岁则要举行笄礼，笄也就是簪子。行笄礼时要改变幼时的丫髻发式，把头发挽盘成髻，再用笄插定发髻，并且系上“缨”（一种颈饰），身上服饰也相应

① 王炜民：《中国古代礼俗》，北京：中国国际广播出版社，2010年，第46页。

改变。笄礼的主持者是女性家长，负责加笄的是女宾或童宾。在盘头插簪后，笄女要先拜祖先，再拜父母，最后由母亲为其蘸酒，同时申明戒辞戒规，教导其敬奉舅姑、尊敬长辈的礼节。[①]

开笄的礼俗历代有所不同。最初是年满十五岁，且已许嫁，便可举行加笄之礼；至于还未许嫁的女子，最迟在二十岁时也要举行笄礼。后一种情况仪式比较简单，到时只要请一位妇人，给这个女子梳盘个发髻，插上发笄就算告成。但仪式之后必须取下头上发笄，仍恢复原来的发型，以区别已经许嫁的女子。杜甫《负薪行》记四川女子，因为连年战争的关系，男丁减少，到了四五十岁还待字闺中，尽管她们的头发已渐发白但依旧保持幼童时的丫髻样式。到宋代，如《朱子家礼》主张，女子只要年满十五岁，纵未许嫁，也可像许嫁女子一样参加笄礼，并可享受同样的待遇。对行笄礼时所用的服装，当时也有具体规定，如主妇穿长衫，腰系勒帛，被笄女子穿褙子，足穿彩色丝履等。

后来还有在临出嫁前行笄礼的风气，已化为婚礼过程的一部分。出嫁前，先由女性长辈为出嫁女"开脸"(也叫"绞脸")和"上头"。"开脸"就是清除脸上的汗毛和整修眉毛，把脸上毫毛用线绞或用刀剃掉，洗脸沐发，并描眉毛、画鬓角，这一仪式叫作"开脸"。开脸后的女子

① 王炜民：《中国古代礼俗》，北京：中国国际广播出版社，2010年，第46—47页。

就被视为妇人，不再是闺女了。开脸之后接着是“上头”，将头发挽起，罩上发网，别上钗簪。然后女子拜祖宗及父母，父母亲再对其进行教诲。这一礼俗和传统笄礼虽然形式有所不同，但实际上却是一回事。

《醒世姻缘传》第四十四回详细地描写了薛素姐出嫁前的成年仪式：

> 择在十一月过聘，过年二月十六日完婚。……霎时交了二月初十日，狄婆子自去上头，……狄婆子吃过茶，坐了一会，到了吉时，请素姐出去，穿着大红装花吉服，官绿装花绣裙，环佩七事，恍如仙女临凡。见了婆婆的礼，面向东南，朝了喜神的方位，坐在一只水桶上面，狄婆子把他脸上十字缴了两线，上了鬏髻，戴了排环首饰，又与婆婆四双八拜行礼……薛婆子送出狄婆子去回来，素姐又与他爹娘合他生母从头行礼。

从吉日良辰的选择到吉服的穿着，从特定的方位特定的座位到之后所行的大礼，都表明了开脸上头这一成年礼仪对于女子的重大意义。

另外，据《仪礼》载：“女子许嫁，笄而礼之，称字。”可见女子举行笄礼时也要取字，之后就可以出嫁了，其意义与冠礼相同，也是表示成人的一种仪式。不过，据考察，古代社会后期的女子大抵无字，看来女子“称字”的礼俗在后代并未推行开。

3. 婚礼

婚，古时作“昏”，意指要在天昏黄时行婚礼。结婚是“终身大事”，婚礼是人生重大礼仪，古人重婚礼，强调说：“昏（婚）礼者，礼之本也。”周代婚仪已形成“六礼”，即纳采、问名、纳吉、纳征、请期及亲迎，成为后世婚姻嫁娶的蓝本。新婚夫妇所穿礼服，在周礼中被纳入“吉服”范畴，参加婚礼的其他成员，也相应的要穿吉服，以示吉祥欢庆【图 5–2】。

“婚姻六礼”，包括了由求婚至完婚的整个结婚过程。具体情形为：一纳采，即男方向女方送彩礼求婚。二问名，即男方的媒人问女方的名字、生辰，然后到宗庙里占卜吉凶，结果为吉的才能进行下一步，凶的则到此为止。三纳吉，就是占卜得到吉兆后定下婚姻。四纳征，男方派人送聘礼到女方家。五请期，即请女方确定结婚日期。六亲迎，婚礼之日，男方必须亲自去女方家迎接，然后男方先回，在门外迎候。六礼的婚姻程序很复杂，一般百姓没时间也没有财力承担，所以只有官员贵族才这样严格遵守。但民间风俗也以此为参考，加以合并。同时，在具体仪节上，历代也有发展、变化，下面列

图 5-2 清代婚礼喜宴

举一些和服饰相关的礼俗。

“催妆”。迎亲前一日或数日，男家要送些冠帔、花粉之类的物品供女方打扮用，称为“催妆”。唐时人，成婚之夕，有催妆诗。如唐代徐安期《催妆》云：“传闻烛下调红粉，明镜台前别作春。不须满面浑妆却，留着双眉待画人。”描绘了新娘坐在花烛前，面对明镜，小心翼翼地化妆的情景，生动而传神。同时，女家也要派人带着帐幔、被褥之类的东西把新房装饰一新，谓之“铺房”。

"传席"。当新娘娶回来刚进门时，男家要以布袋或毡、席等铺地，让新娘踏着入门，称为"传席"，其意谓不履贫（平）地。有的将走过的布袋或毡、席不断传至前面，取"传宗接代"的吉兆，故又称"传代"。唐代白居易《和春深二十首》中有一诗描述此事："何处春深好，春深嫁女家……青衣传毡褥，锦绣一条斜。"

"上高座"。婚礼当晚新郎身穿绿色公服，头戴簪上花和胜（头饰）的幞头，在中堂登上一只置于榻上的椅子，称为"上高座"。然后在饮过媒人、姨、姑等人的酒后才下高座归房。这是来源于北方游牧民族的婚俗，盛行于五代时期，宋代之后失传。

"牵巾"。新郎新娘拜堂时，男女两家各出一条彩缎，打成同心结，表示新婚夫妻将结为一体，恩爱同心。新郎用笏板挂住一端，新娘将另一端搭在手上，两人相对，新郎倒行而出，先去家庙参拜，再新娘倒行，然后两人牵巾回洞房行交拜礼。[①]这是唐宋时期增加了的礼节。

"盖头"。指在婚礼中以巾帕遮蒙着新娘头部，谓之盖巾，俗称"盖头"。此俗起于东汉魏晋之时，据说当时兵荒马乱，民间急于嫁娶，婚礼仅仅是用巾帕将新娘头脸蒙住，新郎揭开，再拜见公婆，即表示成婚。这一蒙头成亲的形式被后世沿用，通常娶亲时新娘用红帕盖头，

① 王炜民：《中国古代礼俗》，北京：中国国际广播出版社，2010年，第58页。

进洞房后才由新郎掀开。由于古代婚姻由父母包办，往往揭开盖头之时新婚夫妇才互识真面目。在《红楼梦》里，宝玉一心想要迎娶黛玉，当宝玉揭开新娘盖头的那一刻，顿时“两眼直视，半语全无”，原来里面是体态丰盈的宝姐姐。

“脱缨”。新房的宴席撤去后，新郎、新娘脱去礼服，新郎即亲手摘下新娘头上的缨。缨是一种丝绳，为男女确定婚姻关系的信物，女子订婚后用它束发，到成婚时才由新郎亲手解下。然后撤除室内之烛，婚礼遂告完成。这是古礼，后来被“合髻”仪式所替代。“合髻”是新婚男女进入新房后，各剪下一绺头发，绾成同心结式样的“髻”，作为信物。唐代女子晁采《子夜歌》：“侬既剪云鬟，郎亦分丝发。觅向无人处，绾作同心结。”唐宋时合髻仪式颇为盛行。

“摄盛”。指男女举行婚礼时，可根据服饰等级制度超越一等，以示贵盛。这一习俗，历史颇为悠久。因为在民间，结婚是大喜之日，在服饰上出现一些僭越的现象也不足为奇。从明代开始官府就承认了这种僭越，正式规定庶民结婚可以用九品官服为吉服。所以后来凤冠霞帔成为新娘的通服，小小老百姓在婚礼举行之际也能权充九品末等官。江南俗称新郎为“新郎官”“新官人”，或与此有关。

“鞋聘礼”。此俗源于东晋，后主要流行于

长江中下游地区。根据《中华古今注》的说法，东晋时，凡娶妇之家都备有丝麻鞋一双，取其“和鞋”（和谐）之意。后来渐渐演变为准备男女鞋各一双，并将新娘的鞋套于新郎的鞋之中，取音男女同鞋（同偕），以此祈福新婚夫妻同偕到老。

4. 丧葬礼

古人对丧葬的仪节十分重视。据记载，早从周代开始，丧葬就有了一套完整而繁杂的程序。下面就其中与服饰相关的礼俗加以简介。

“属纩”，古人临死时称“属纩”。据古代礼书记载，人到病危之时，要给其脱掉内衣，换上提前准备好的寿衣。病危之际穿寿衣是因为人未死时身体不僵，便于穿戴。此时其四肢都有人捉着，以防手脚痉挛，然后“属纩以俟绝气”。属是放置的意思，纩是新丝绵絮。新絮很轻，用来放在弥留者的口鼻上，测看是否断气。如果不见新絮摇动，病人就是死了，这才可称“卒”。后来属纩就成了临终的代名词。[①]

“复”，人初死之际，不能立即办丧事，还要为死者招魂，称为“复”。行复礼时，由一人拿着死者上衣登上屋顶，面向北方喊死者的名字，连喊三次，再把死者上衣卷起来投到屋前，下面有人接住并覆盖到死者尸体上。[②]

“装殓”，是指给死者穿衣，放入棺材。殓有大殓、小殓之分，小殓是指给死者裹上衣衾，

① 王炜民：《中国古代礼俗》，北京：中国国际广播出版社，2010年，第161页。
②王炜民：《中国古代礼俗》，北京：中国国际广播出版社，2010年，第161页。

大殓是把尸体放入棺内。死者所穿衣服，历代礼俗各异。就古礼言之，通常是以练帛裹头，用缁布遮目覆面，衣服穿戴整齐后再裹以衾被。裹用的衣衾的形制与数目，按死者的地位而定，等级越高，裹得越多，质地越好，如“金缕玉衣”，是汉时皇帝及诸侯王的葬服。在民间，一般在人未亡故之前，家人就已将寿衣做好，俗称“装裹”“装老衣裳”，以便能及时给死者穿上。做寿衣，通常是选择有闰月的年头。寿衣穿单不穿双，一般是五、七、九件不等，视家庭情况而定。做寿衣宜用绸子而不用缎子，因缎子的谐音为“断子”，恐受到“断子绝孙”的恶报，而绸子则有“稠子”的谐音，后代可多子多孙多福。内衣不钉纽扣，只缝飘带，因为“纽子”和“扭子”谐音，怕犯子孙的忌讳。旧时北京一般人家主要是棉袄、棉裤、棉长袍，不论什么季节一律穿棉的，鞋必须是布底，做出莲花图案，表示脚登莲台，成了正果。[①]

古代还有一种葬服是作为亡者替身之用的。当有人客死他乡不能回归故里时，家人以亡者生前所穿着的衣冠埋入地下，称“衣冠葬”，墓地叫作“衣冠冢”。

报丧，小殓之后，要报丧，正式通知远近各处的亲友死亡时间、情况和葬礼安排。去报丧的孝子要穿孝服，或者戴孝帽。腰里扎孝带

① 王炜民：《中国古代礼俗》，北京：中国国际广播出版社，2010年，第162页。

图 5-3 明代《御制孝慈录》斩衰图

（麻）。到了别人家，不能进门，有人来接，无论长幼，都要叩首。

"成服"，丧礼大殓之后，亲属按照与死者关系的亲疏穿上不同的丧服，叫"成服"，就是穿孝、戴孝。古时穿孝、戴孝必须严格遵守丧服礼制，不允许有所差错，所以叫"遵礼成服"，所遵之礼即是影响深广的"五服制度"，俗称"五服"，包括斩衰、齐衰、大功、小功、缌麻五种服制。

斩衰在五服中最重，服丧期为三年。衰，通"缞"，凡丧服上衣叫衰（披在胸前），下衣叫裳。衰是用最粗的生麻布做的，衣旁和下边不缝边，所以叫作斩衰，斩就是不缝缉的意思。诸侯为天子、臣为君、子为父、父为长子都服斩衰。子为父服斩衰还要系粗麻腰带，即所谓"披麻戴孝"，表示哀伤过度，身形消瘦不堪。同时鞋包白布，如果双亲中有一人健在，则鞋后跟处不用白布包严。服丧时执孝杖（俗称"哭丧棒"），表示哀毁骨立，须持杖而行【图 5-3】。妻为夫、未嫁女子为父服斩衰还要用麻系在发髻上，称为"髽衰"。

齐衰次于斩衰，是用熟麻布做的。因为缝边整齐，所以叫作齐衰。齐衰分为四等：齐衰三年，这是父卒为母、母为长子的丧服；齐衰一年，用杖（丧礼中所执的），这叫"杖期"，这是父在为母、夫为妻的丧服；齐衰一年，不用杖，这叫“不杖期”，这是男子为伯叔父母、为兄弟的丧服，已嫁的女子为父母，媳妇为舅姑（公婆），孙和孙女为祖父母也是不杖期；齐衰三月，这是为曾祖父母的丧服。

大功亦称“大红”，次于齐衰，这是用熟麻布做的，比齐衰精细些。功，指织布的工作。大功是九个月的丧服，男子为出嫁的姊妹和姑母、为堂兄弟和未嫁的堂姊妹都是大功，女子为丈夫的祖父母、伯叔父母、为自己的兄弟也是大功。

小功亦称“小红”，又次于大功，小功服比大功服更精细，是五个月的丧服。男子为曾祖父母、伯叔祖父母、堂伯叔祖父母，未嫁祖姑、堂姑，已嫁堂姊妹，兄弟之妻，从堂兄弟及未嫁从堂姊妹，外祖父母及母舅、母姨等，都服小功。

缌麻是五服中最轻的丧服，用细麻布制成。缌麻服丧期三个月，凡较疏远的亲属、亲戚，如高祖父母、曾伯叔祖父母、族祖父母、族父母、族兄弟，以及岳父母、婿、外甥、外孙等都服缌麻。

就丧服来说，血缘关系越亲，服制越重；血缘关系越疏，服制越轻。历代丧服丧期并不完全一致，时有变动，但通过丧服表现血统亲疏和等级差别的实质是一样的。

五服之外，古代还有一种更轻的服丧方式，叫“袒免”。朋友之间，如果亲自前去奔丧，在灵堂或殡葬时也要披麻，如果在外地不能赶回，那就“袒免”便可。袒，即袒露左臂，免，指不戴冠，用布带缚髻。

民间服丧的细节在世俗小说里经常出现，如《水浒传》第二十六回写潘金莲“自从药死了武大，那里肯带孝，每日只是浓妆艳抹，和西门庆做一处取乐”。听得武松回来了，“慌忙去面盆里洗落了脂粉，拔去了首饰钗环，蓬松挽了个髻儿，脱去了红裙绣袄，旋穿上孝裙孝衫，便从楼上哽哽咽咽假哭下来”。武松原本高高兴兴“换了衣服鞋袜，戴上个新头巾”，来看哥哥的。一听武大已死，他“沉吟了半晌，便出门去，径投县里来。开了锁，去房里换了一身素净衣服，便叫土兵打了一条麻绦系在腰里”。这反映出明代妻子为丈夫、弟为兄服丧的情形。

二　岁时节庆礼俗

传统中国是农业社会，一年四季，春生、夏长、秋收、冬藏，先民们的生活节律与节气变化、四时循环密切相关。在这种农耕文明的社会土壤上，逐渐形成了种种约定俗成的、周期性的岁时节庆仪式。起初仪式的目的，本在敬天、祈年、驱灾、避邪，与各种原始信仰有关。后来，这种娱神驱鬼的仪式，逐渐演变成一种集休闲、娱乐、庆典、祭祀等为一体的节庆礼俗活动。

1. 春节

我国传统节日中最盛大、最热闹非春节莫属，俗称“过年”。一般指农历正月初一，古代称“元旦”“元日”等。在民间，春节一般从腊月二十三的祭灶到正月十五，也有的从腊月初八开始，一直过到正月底，其中以除夕和大年初一为高潮。春节时间延续长，节日活动丰富，这些活动均以祭祀天神、祭奠祖先、除旧布新、迎禧接福、祈求丰年为主要内容。

着新衣。进入新年之际，人们为了应节迎新，服饰焕然一新。以鲜洁的服饰迎年是汉代就有的习俗，六朝时的元日“悉正衣冠”也是这一意义。唐朝小儿新年要穿上艳丽的新衣，刘禹锡《元日感怀》描述了这一情景：“燎火委虚烬，儿童炫彩衣。”宋代，“小民虽贫者，亦须新洁衣服，把酒相酬尔”（《东京梦华录》）。吴自牧在《梦粱录》中描述当时宋朝临安（今杭州）过春节的着装情景：“正月朔日，谓之元旦……士大夫皆交相贺，细民男女皆鲜衣，往来拜节。”[1]元朝，朝廷给官员赐拜年的新衣布料，称之为“拜年段子”。明代时，北京人新年头上要戴“闹嚷嚷”，用乌金纸制成飞鹅、蝴蝶、蚂蚱的形状，大如掌，小如钱，称之为“闹嚷嚷”，以增添新

① 萧放：《春节习俗与岁时通过仪式》，《北京师范大学学报》2006年第6期。

年热闹气氛。男女老幼各戴一枝在头上，富贵者有插满头的，这可能是古代“戴胜”习俗的沿袭。清代穿新衣拜新年民俗依旧，“鲜衣炫路，飞轿生风”(《清嘉录·拜年》)。清潘荣逵《奉京岁时记》也说在新年：“士民之家，新衣冠，肃佩带。”穿上新衣，戴上新帽，象征着人们进入新的生命旅程。这种身体的新打扮，与新年门户的新装饰一样，都体现了中国人重视新年的更新意识。直到现在，儿时的歌谣还常响在耳边：“新年到，新年到，穿新衣，戴新帽……”

戴花胜。在古代女性的发饰中，有一种叫“胜”，以剪彩为之。《山海经》里说西王母头戴玉胜（“梯几而戴胜杖”），这是关于女人戴“胜”的最早记载。大概因为它是西王母的饰物，后世又传说它能降祥瑞、驱灾异，给它附会了神圣的寓意。到南北朝时，戴胜和节日民俗已经结合起来了，《荆楚岁时记》里说正月初七民间“造华胜以相遗”，变成了庆祝春节的事象。唐宋以后，女性戴胜更多。宋韩𣉛《高阳台·除夜》有这样的描述：“邻娃已试春妆了，更蜂腰簇翠，燕股横金。”蜂腰、燕股指剪彩成蜂、燕等形作为发饰。翠，翠钿，即翠玉做的花，都属于花胜一类。词句描写了邻家娇娃试穿新春红妆，彩胜饰头，簇翠横金的美态。南宋时范成大《鞭春微雨》诗云：“幡胜丝丝雨，笙歌步步尘。”幡胜，是一种用金银箔纸绢剪裁制作的装饰品，有的形似幡旗，故名幡胜。一般春日戴在头上。清查慎行《凤城新年辞》写当时女性："巧裁幡胜试新罗，画彩描金作闹蛾。从此剪刀闲一月，闺中针线岁前多。"民间妇女一年到头忙，只有到了新年才有余闲。这首诗从侧面写出妇女过年的心情，她们巧制幡胜试做新衣，争相打扮，体现女子爱美天性。

祛（除）秽礼俗。很多地方旧时还有在年三十晚上换新衣、除旧服的习俗。如河北邯郸有"丢愁帽"的习俗，大年三十晚上，夜深人静时，人们携带帽子、手巾、穗子、鞋之类，走出大门百步以外扔掉，不回头张望，回家后将柴草灰横撒门口，这就意味着将"愁帽"（家中所愁之事）、"手紧"（缺钱花）、"鬼祟"（穗谐音祟）、"妖邪"（鞋谐音邪）全部丢掉，不许它们再入家门。

此外，每逢春节还有各种各样的着装禁忌。如大年初一，忌将新衣弄坏，因此大人们总是对小孩多加叮嘱，以防犯禁。还有，年初一时，姑娘媳妇忌动剪刀、针线，忌裁衣缝衣，否则会被认为不吉利。

2. 元宵节

农历的正月十五是中国传统的元宵节，是一个以歌舞、集会、游艺为主的节日，故有"闹元宵”的传统说法。

唐代诗人张萧远《观灯》描写了当时男男女女元宵节盛装出游的景象：“十万人家火烛光，门门开处见红妆。歌钟喧夜更漏暗，罗绮满街尘土香。星宿别从天畔出，莲花不向水中芳。宝钗骤马多遗落，依旧明朝在路傍。”

到了宋朝，元宵活动更为丰富，平日深居简出的妇女莫不趁此机会外出大饱眼福。元宵夜妇女的打扮有一番讲究。由于是月下出行，所以服饰为白色。头上插有各种珠翠环绕的饰物，名目众多，宋周密《武林旧事·元夕》：“元夕节物，妇人皆戴珠翠、闹蛾、玉梅、雪柳、菩提叶、灯球、销金合、蝉貂袖、项帕，而衣多尚白，盖月下所宜也。”“闹蛾”，是一种女性头饰，用丝绸或乌金纸为花或草虫之形，然后用色彩画上须子、翅纹而成。宋代正月十五元夕，妇女戴之，以应时节，取蛾儿戏火之意。宋代范成大《菩萨蛮》词：“留取缕金幡，夜蛾相并看。”宋康与之《瑞鹤仙》词：“花影乱，笑声喧。闹蛾儿满路，成团打块，簇着冠儿斗转。”都对它有描述。“玉梅”，即人工制作的白绢梅花。宋代元宵节，节物尚白色，每年正月十四、十五、十六日夜，青年女性盛行戴玉梅，以为应时的头饰。届时街头巷陌，皆有售卖。此风习延续至宋以后。宋李邴《女冠子》词云：“东来西往谁家女，买玉梅争戴，缓步香风度。”“雪柳”，是用捻金线制成的柳丝状饰物。雪柳饰以金钱，称“捻金雪柳”。宋辛弃疾《青玉案·元夕》云：“蛾儿雪柳黄金缕，笑语盈盈暗香去。”元宵节也是观灯节，所以头上的饰品还与彩灯有关联，北宋《岁时杂记》载：“京城仕女有插戴灯球、灯笼，大如枣栗，如珠簟之类。”

上承宋代，明朝妇女有在元宵节期间喜穿白绫的习俗。如《金瓶梅》第二十四回里写道：“话说一日，天上元宵，人间灯夕。西门庆在家，厅上张挂花灯，铺陈绮席。正月十六，合家欢乐饮酒。……西门庆与吴月娘居上座，其余李娇儿、孟玉楼、潘金莲、李瓶儿、孙雪娥、西门大姐都在两边列坐，都穿着锦绣衣裳，白绫袄儿，蓝裙子。惟有吴月娘穿着大红遍地通袖袍儿，貂鼠皮袄，下着百花裙，头上珠翠堆盈，凤钗半卸。”这种元宵节期间妇女喜穿白绫的习俗，在《金瓶梅》中有多处与此相关的描述，可以印证。

明代元宵节【图5-4】还兴起一种新习俗，叫作“走百病”，嘉靖《常德府志》云：“妇女相邀，成队宵行，名曰走百病。”崇祯间《帝京景物略·灯市》云：“妇女相率宵行，以消疾病，曰走百病，又曰走桥。”在“走百病”活动中，妇女的衣着是白绫衫。《帝京景物略·春场》曰：

图 5-4 明代木刻《元宵灯景图》

"妇女着白绫衫，队而宵行，谓无腰腿诸疾，曰走桥。至城各门，手暗触钉，谓男子祥，曰摸钉儿。"

另外，男子也有穿白绫袄的，《金瓶梅》第四十六回写西门庆在元宵节那天的装束，"西门庆带忠靖冠，丝绒鹤氅，白绫袄子"愈发显得西门庆浮浪。

3. 清明节

清明节，又叫踏青节，据传始于古代帝王将相"墓祭"之礼，后来民间纷纷仿效，于此日祭祖扫墓，历代沿袭而成为中国最重要的传统节日之一。清明日祭祖扫墓、踏青郊游、植树插柳等活动都是常见节俗。

清明节插柳戴柳，在我国大部分地区都是为辟邪之用。《岁时百问》说："万物生长此时，皆清净明洁，故谓之清明。至清明戴柳者，乃唐高宗三月三日祓禊于渭阳，赐群臣柳圈各一，谓戴之可免虿毒。今盖师其遗意也。"祓禊，古代于春秋两季，有至水滨举行祓除不祥的祭礼习俗。这里将民间戴柳的习俗归于唐高宗。陆游有这样的诗句描写清明节插柳："忽见家家插杨柳，始知今日是清明。"

清明节戴柳，后来又演化成妇女戴柳球于鬓畔以祈红颜永驻的习俗。浙江俗谚云："清明不戴柳，红颜成皓首。"清诗人杨韫华有《山塘棹歌·插柳枝》："清明一霎又今朝，听得沿街卖柳条。相约比邻诸姊妹，一枝斜插绿云翘。"

4. 端午节

端午节本来是夏季的一个送离五瘟神，驱除瘟疫的节日，所以节俗往往和驱邪避恶相关。在端午节这一天，人们往往要在身上佩戴各种饰物。

五色丝线。佩戴五色丝线源远流长，《太平御览》里说："五月五日，集五色缯，辟兵……青赤白黑以为四方，黄为中央，襞方缀于胸前，以示妇人蚕功也……转声以襞为辟兵耳。"襞方是用五色丝缠纸帛折成菱角方片，按一定方位（青、赤、白、黑为四方，黄居中央）缀于胸前，原本以其示妇人养蚕之功。因为“襞”与“辟”谐音，当时兵荒马乱，民间于是有五月五日用五色丝缯缝于胸前以消除兵灾的习俗。《风俗通义校注》也说：“夏至着五彩，辟兵，题曰‘游光’。游光，厉鬼也，知其名者无瘟疾。五彩，避五兵也。案：人取新断织系户，亦此类也。谨案：织取新断二三寸帛，缀着衣衿，以己织缣告成于诸姑也。后世弥文，易以五彩。又永建中，京师大疫，云厉鬼字野重、游光。亦但流言，无指见之者。其后岁岁有病，人情愁怖，复增题之，冀以脱祸。今家人织新缣，皆取着后缣二寸许，系户上，此其验也。”

可知胸前缀以五色帛条，原为织缣告成，后由于东汉永建年间大疫，人们为避瘟疫之鬼，用五彩布条禳除之。所谓“蚕功”“织缣告成”，《礼记 · 月令》所记夏四月：“蚕事毕，后妃献茧。”四五月是产茧织丝之时，这是大事，有“献茧”“告成”之礼。而“襞方”“五彩”可以使人“脱祸”，则是基于古人认为新织的帛能够禳灾祸除不祥。

汉代更流行以五彩丝系臂。《太平御览》里说：“五月五日以五彩丝系臂者，辟兵及鬼，令人不病瘟。”又说五彩丝有不同名称：“一名长命缕，一名续命缕，一名辟兵缯，一名朱索。又有条达等织组杂物，以相赠遗。”《艺文类聚》里也解释说：“五月五日续命缕，俗说以益人命。”臂戴五色丝，无外乎避兵与驱邪的目的，是为了保命和延年益寿。

以五色丝系臂的习俗一直留传后世。南朝梁《荆楚岁时记》所记此俗与前述汉代习俗相同。唐末五代所著《提要录》记载：“端五日，集杂色茸丝作延年缕，云辟恶延龄。”宋高承《事物纪原·百索》说：“今有‘百索’，即朱索之遗事也，盖始于汉，本以饰门户，而今以约臂，相承之误也。又以彩丝织纽而成者，为‘百索纽’，以作股者，名‘五丝’云。”[①]明代也有“百索”，如嘉靖河北《清苑县志》讲当地“以色丝系小儿颈腕，名为百岁索”。到清代，顾禄《清嘉录》记载：“结五色丝为索，系小儿之臂，男左女右，谓之长寿线。”

五色丝有多种制作方法，简单的做法是将五色丝线拧合为一股，复杂的则需要编织、绾结，绘绣各种精美图案。

艾虎。佩艾虎，也是端午的重要习俗。艾虎由五彩丝索发展而来，糅合了艾、虎两种辟邪要素。《岁时广记》卷二一《掺艾虎》讲北宋“端午，以艾为虎形，至有如黑豆大者，或剪彩为小虎，粘艾叶以戴之”。将艾剪成小虎，或在

① 常建华：《岁时节日里的中国》，北京：中华书局，2006年，第136页。

所剪彩虎上粘艾叶，就是艾虎，戴在头上以辟邪。宋王沂公《端午帖子》诗云："钗头艾虎辟群邪，晓驾祥云七宝车。"宋代还有穿艾虎衣的习俗。《岁时广记》中有："仕女所戴艾衣，所用艾虎，皆未原其始，未晓其义。"[①]衣艾虎在宋代杨无咎《齐天乐·端午》中也有反映："衫裁艾虎，更钗凫朱符，臂缠红缕。"艾虎在宋代最为流行，以后有所发展变化。清《燕京岁时记》说："每至端阳，闺阁中之巧者，用绫罗制成小虎及粽子、壶卢、樱桃、桑椹之类，以彩线穿之，悬于钗头，或系于小儿之背。"彩虎既有头饰，也有服饰。在《红楼梦》中，讲贾府过端午时，上下蒲艾簪门、臂系虎符、喝雄黄酒、吃粽子。

五毒图。据《岁时广记·插艾花》记载："端五，京都士女簪戴，皆剪缯楮（帛和纸）之类为艾，或以真艾，其上装以蜈蚣、蚰蜒、蛇、蝎、草虫之类，及天师形象，并造石榴、萱草、踯躅（杜鹃花的别名）假花，或以香药为花。"蜈蚣、蚰蜒、蛇、蝎、草虫成了妇女头饰所剪缯楮上的装饰图形。五毒图成为端午节装饰的又一颇具特点的风俗。南宋《武林旧事·端午》说："蜈蚣、蛇、蝎、蜥蜴等，谓之'毒虫'。"明清时，此俗南北各地都流行。在北京，明《宛署杂记》讲："妇女画蜈蚣、蛇、蝎、虎、蟾为五毒符，插钗头。"【图 5-5】清《燕京岁时记》说人们为避邪

① 常建华：《岁时节日里的中国》，北京：中华书局，2006 年，第 136—137 页。

图 5-5 北京定陵出土明五毒艾虎纹补

恶，要在中门粘贴绘画五毒符咒的图形。在苏州，《清嘉录》记载："尼庵剪五色彩笺，状蟾蜍、蜥蜴、蜘蛛、蛇、蚿之形，分贻檀越，贴门楣、寝次，能魇毒虫，谓之五毒符。"关于五毒的含义，《周礼》中说，凡治疗疡疮，要用五种毒物合成的药去敷治。按照郑玄的解释，五毒为石胆、丹砂、雄黄、礜石、慈石。后世所说"五毒"是指可以毒死害虫之物。一般指五种，如清代吴曼云《江乡词》小序说："杭俗，（端）午日扇上画蛇、虎之属，数必以五，小儿用之。"五毒所指不尽相同。符箓也是端午节佩戴之物，晋葛洪《抱朴子》记载："或问辟五兵之道……或以五月五日作赤灵符，着心前。"受道教影响，后世戴符成俗。《岁时杂记》说："端五剪缯彩作小符儿，争逞精巧，掺于鬟髻之上，都城亦多扑卖，名钗头符。"宋词中有描述，史浩《卜算子·端午》："符篆玉搔头，艾虎青丝鬓。"符篆成为端午头饰之一。南宋刘克庄《贺新郎·端午》："儿女纷纷夸结束，新样钗符艾虎。"明代所戴符的名目不一，如万历《扬州府志》说："儿女佩丹符"，万历《和州志》讲："小儿佩寿源通符"，弘治《将乐县志》记载："其男女幼者戴赤灵符。"

"健人"。值得注意的是明清时南方还有佩"健人"之俗。万历浙江《秀水县志》说："妇女制缯为人形佩之，曰健人。幼者系彩索于臂。"用丝缯制成人形，佩戴在身。清潘荣陛《帝京岁时纪胜》载，端午节"幼女剪彩叠福，用软帛缉缝老健人、角黍、蒜头、五毒老虎等式"。有些健人造型为人骑于虎，应是道教天师御虎的遗留，如《清嘉录》载："市人以金银丝制为繁缨、钟铃诸状，骑人于虎，极精细，缀小钗，贯为串，或有用铜丝、金箔为之者，供妇人插鬓，又互相献赉，名曰健人。"

香囊。中国自古就有佩戴香囊的习俗，不限男女，也不限于五月五日。汉末魏晋以后，佩挂香囊基本成为女子的专利，主要功用在于取香、娱情，造型较大，远不及钗符之类奇巧。明万历《新昌县志》谓端午“佩香囊艾虎”，端午香囊应该是传统香囊与端午彩索相结合的产物。

雄黄荷包。据《清嘉录》卷五载：“制绣囊绝小，类荷包之形，中盛雄黄，谓之雄黄荷包……皆系襟带间以辟邪。”还说：“杭俗，妇女制绣袋绝小，贮雄黄，系之衣上，可辟邪秽。”雄黄荷包意在辟疫祛毒，与宋人用艾草、菖蒲等相同。

5. 重阳节

重阳节，又称“踏秋”，为农历九月初九日。汉代，过重阳节的习俗渐渐流行，当时民间记载：九月九佩茱萸，食蓬饵，饮菊花酒，令人长寿。庆祝重阳节一般包括出游赏景、登高远眺、观赏菊花、遍插茱萸、吃重阳糕、饮菊花酒等活动。关于重阳节活动，最著名的属唐王维《九月九日忆山东兄弟》：“独在异乡为异客，每逢佳节倍思亲。遥知兄弟登高处，遍插茱萸少一人。”

身佩茱萸是重阳节的重要标志，据《风土记》载，三国时已经有用气味浓烈的茱萸插头避恶气的习俗。茱萸还可以做成茱萸香囊，佩戴在身上。如唐孟浩然《九日得新字》：“茱萸正可佩，折取寄情亲。”宋洪皓《渔家傲》词：“臂上萸囊悬已满，杯中菊蕊浮无限。”

6. 寒衣节

寒衣节，每年农历十月初一，又称“十月朝”“祭祖节”“冥阴节”等，民间称为鬼头日。这一天，是被作为上墓为祖先送寒衣的日子。

送寒衣反映了换衣和祀祖的风俗。《礼记·月令》说孟冬之月要“腊先祖”，即以田猎所得禽兽祭祖。《诗经·七月》说“九月授衣”，可知秋冬之交换衣的传统非常古老。

十月初一授衣、上坟、烧衣的记载到宋代逐渐多起来。《宋史·舆服志》说，宋初沿袭五代旧制，每岁赐诸臣时令服饰。又说起初只授将相、学士、禁军大校，至太祖建隆三年（962）改为每年端午、十月一日赐服，文武群臣、将校都有份。政府给官员冬服，民间则有给祖先送冬衣之俗。宋代《东京梦华录》说九月“下旬即卖冥衣靴鞋席帽衣段，以十月朔日烧献故也”。烧衣已成风俗，不然市场上怎么会有成品出售呢？该书又记：“十月一日，宰臣已下受衣着锦袄三日（夹注：今五日），士庶皆出城飨坟。”[①]南宋《梦粱录》更说十月朔为“十月节”。宋代南方也有上坟的风俗，范成大《吴郡志》说：“十月朔再谒墓”，可见苏州一带有十月初一墓祭的习惯。

到元代，将十月初一祭先上坟称之为“送寒衣节”。《析津志辑佚·岁纪》说：“是月，都城自一日之后，时令谓之送寒衣节。祭先上坟，

① 常建华：《岁时节日里的中国》，北京：中华书局，2006年，第191页。

为之扫黄叶。此一月行追远之礼甚厚，虽贫富咸称家丰杀而诚敬。”无论贫穷富贵，都根据自己家的情况量力而行，奉上诚敬之心。这反映北京在元代盛行送寒衣活动。南方的镇江则有“出城飨坟”之俗。

明代送寒衣的风俗，在时间上有两个特点：一是普遍固定在十月初一，泛称十月送寒衣的只有个别地区；二是一些地区送寒衣固定在十月十五。如嘉靖河北《清苑县志》载：“下元（即农历十月十五）剪纸为衣，上墓，曰送寒衣。”就是说，下元节的风俗成了送寒衣。下元送寒衣，意味着送寒衣风俗的进一步在民间流行。关于寒衣，《宛署杂记》说北京市民用五色纸印男女衣服出售，农民在十月一日竞相购买，焚之送于先祖。《帝京景物略》又说这种“寒衣”一尺多长，并在一张纸上写下死者的姓名禁行，盖印后封缄，像寄信一样，家家如此，夜晚呼死者姓名焚之于门。[①]《帝京岁时纪胜》反映清代北京风俗，也说当地于十月初一“晚夕缄书冥楮，加以五彩帛作成冠带衣履，于门外奠而焚之”。在南方的苏州，《清嘉录》说：“人无贫富，皆祭其先，多烧冥衣之属，谓之烧衣节。”前述北京送寒衣是在门外烧的，实际上清代绝大部分地区要诣先祖坟茔，焚寒衣于墓前。十月初一的上墓祭祀祖先亡灵的风俗，使其同清明、

① 常建华：《岁时节日里的中国》，北京：中华书局，2006年，第192页。

七月半一样，被称为鬼节。

7. 冬至日

传统上冬至半月是喜庆气氛浓重的节期，如《东京梦华录》记载宋都开封城每逢冬至节到处洋溢的节日气氛："十一月冬至，京师最重此节，虽至贫者，一年之间，积累假借，至此日更易新衣，备办饮食，享祀先祖。"

近世有冬至日儿媳妇向公婆献鞋袜的风俗。光绪《荆州府志》记载"袜之献舅姑，仪如北地"，可知清末此俗还盛行于北方。北方的这种活动早在北朝已成传统，唐人《酉阳杂俎》卷一说："北朝之妇，常以冬至日，进履袜及靴。"《玉烛宝典》卷十一载北魏崔浩《女仪》说："近古妇常以冬至日进履袜于舅姑。"据《中华古今注》说"汉有绣鸳鸯履，昭帝令冬至日上舅姑"，可知此俗兴起于汉代。[①]

总体上看，岁时节庆礼俗中的服饰，最鲜明的表现是盛装化，所谓"节日盛装"是也。节日服饰的特点，一是新，强调"第一次穿"，迎接新的时间。二是鲜艳，暗示平均每人都有一个可以被注意的地位角色。三是各种应时应景而又特别的首饰与佩饰。节日不是"日常的"，穿戴也应是"非常态的"，在节日娱乐与狂欢中，人人既是观众，也是演员。服饰，是节日活动中的主体道具。

① 常建华：《岁时节日里的中国》，北京：中华书局，2006年，第208页。

第二节　服饰中的民俗

所谓服饰中的民俗，指的是在服饰的颜色、纹饰和形制等诸多方面所体现出的民间风俗与民间信仰，如服色习俗、吉祥纹饰以及各种服饰禁忌等。

一　服色习俗

1. 吉与凶

在《红楼梦》第五十五回中有这样一段话："或有婚丧红白等事，王夫人贺吊迎送，应酬不暇。"显然，这里"红白之事"分别指代的是嫁娶（吉）和丧葬（凶）之事。这一说法由来已久，非常典型地反映了中国传统服色习俗的特色。

在现代人眼里，白色多象征着纯洁，西方人举行婚礼，新娘要穿上洁白的婚纱，这与我们传统的服色习俗大相径庭，因为我国民间习俗是以白色为丧服之色的。这一习俗有一个发展的过程。先秦时，素服（谓白绢制成之服）常常与凶礼联系在一起，如在西周，凡遭大病疫、大饥荒、大灾害，天子都要穿素服。在《礼记·曲礼》中有："为人子者，父母存，冠衣不纯素。"汉代郑玄在注解周代经典时指出："素服，于凶事为吉，于吉事为凶，非丧服也。"即是说，此时白色还没有和丧服之色直接挂钩。所以清代学者姚际恒《诗经通论》里说："古人多素冠、素衣，不似今人以白为丧服而忌之也。"在唐代，平民百姓穿白衣，被称作"白丁"，上层人士也有穿白的例子。大约到宋代，以白为丧的观念在民间似已明显和突出。如《宋史·舆服志》云："凉衫，其制如紫衫，亦曰白衫。乾道初，礼部侍郎王曮奏：'窃见近日士大夫皆服凉衫，甚非美观。而以交际、居官、临民，纯素可憎，有似凶服。'"王曮的奏折表明，当时人们只是有了恶白的意识，但在程度上还不够，只是说和凶服相似。至清代，以白为丧服的观念已经很盛了。前面引用的清代学者姚际恒的观点已经说明了这一风俗。再举一例，《清稗类抄》载："臣工召对、引见，皆服天青褂、蓝袍，杂色袍悉在禁止之列，羊皮亦不得服，恶其色白，近丧服也。"（清朝皇帝召见大臣称"召对臣工"）《红楼梦》第四十三回写贾宝玉先是"遍体纯素"，到城外水仙庵给金钏儿烧香祭奠，回来后到怡红院“忙将素衣脱了，自己找了颜色吉服换上”，再去大花厅为凤姐祝贺生日，行礼吃酒。这样才算是“礼数周全”。直到现在，举办丧事戴黑纱，穿白色孝服，佩白纸花等在民间还很通行。

在中国，红色被认为是吉色和喜庆之色的历史非常悠久。山顶洞人已经用赤铁矿粉来染红项带了。在西周礼制中，服色以红（赤）为贵。《诗经》里有“我朱孔阳，为公子裳”的诗句。红色热烈，代表着光明、太阳、火，是向上的、积极的。民间习俗将红色与富贵、吉祥、欢乐、喜庆等全联系在一起。在传统婚俗中，新娘的服饰从头到脚都是红的：大红的盖头，大红的披巾，大红的袄褂，大红的绣鞋，此外还有红对联、红喜字、红门帘、红被子、红花等等。在中国人的传统观念里，红色还具有避邪的作用，象征着吉祥和平安。因此，谁家生了孩子，家里的老人就要给孩子做一个红兜肚穿上，年轻人在本命年里，也要系一根红腰带，这种民俗一直影响至今。

大体上，民间习俗往往以喜色和素色分别对应吉凶，喜色一般为红色，大红、朱红、粉红等，素色一般为白色、黑色等。按照礼节，喜色与素色的服装要根据不同情况穿用。如穿素服到喜庆场合，或穿大红喜服到丧葬场所，均为失礼。

2. 贵与贱

民间有句俗语谓“戴绿帽子”，比喻妻子有外遇的丈夫。“绿”与不光彩甚至淫、贱扯上关系早有渊源。周代以正色为尊，间色为卑，绿、碧皆为间色。汉代时，贱民常服绿。有这样一个事例：西汉时，汉武帝姑母馆陶公主寡居，身边有位男宠名董偃，董偃很希望接近汉武帝，但苦于没有机会。馆陶公主有次想了一个办法，她让董偃扎上绿帻，打扮成侍仆的样子混进宫中，终于让董偃得偿所愿。这一故事反映当时绿帻是贱民的标志之一，又因董偃这一典故，后来人们常常用“绿帻”来指代靠不正当手段而富贵的人。东汉《东观汉记·车服志》记载官府中的厨人戴绿帻。唐代，平巾绿帻也是地位低下者所戴的帻。唐代还有给犯人戴碧巾以示羞辱的事例，如封演《封氏闻见录》载：“李封为延陵令，吏人有罪，不加杖罚，但令裹碧头巾以辱之。随所犯轻重，以日数为等级，日满乃释。吴人着此服出入州乡，以为大耻，皆相劝励，无敢僭违。”在宋代，青巾常用于地位低下的歌舞表演的艺人，如《梦粱录》卷一《八日祠山圣诞》云：“有一小节级，披黄衫，顶青巾，带大花，插孔雀尾，乘小舟抵湖堂。”这里“青”是接近“绿”的颜色。在元代，青、绿色与娼妓发生了关联。《元典章·礼部·服色》明确记载：“（元世祖）至元五年（1268），准中书省札，娼妓之家，家长并亲属男子，裹青巾。”明朝对艺人的日常衣着穿戴也有明文规定，严格有别于一般士庶。何孟春《余冬序录·内篇》记载：“教坊司伶人制，常服绿色巾，以别士庶之服。”从元到明清，官方都有规定，娼妓、优伶贱业的人服用绿、碧、青色服饰。

明代以来，民间开始将绿巾与妻子有外遇的男人联系在一起。“吴人称人妻有淫者为‘绿头巾’”（明郎瑛《七修类稿》）。谢肇淛《五杂俎》也记载：“今人以妻之外淫者，目其夫为乌龟。盖龟不能交，而纵牝者与蛇交也。隶于官者为乐户，又为水户。国初之制，绿其巾以示辱，盖古赭衣之意，而今亡矣，然里闬尚以‘绿头巾’相戏也。”从这些记载看，绿巾与娼妓之夫有了联系，妻子有外遇的男人，被戏称为戴上了“绿巾”“绿帽子”。戴上绿巾就会被他人耻笑，民间也因此忌讳戴绿帽子，直到今天，戴绿帽子仍是国人的禁忌。

大体上，在服色习俗中，通常以黄、紫、红色为贵，以绿、碧、青色为贱，艳妆者往往被视为轻浮下贱之人，对过分花俏艳丽之色则多有限制。

二　吉祥纹饰

在中国传统民俗观念中，吉祥意识甚为突

出。以常见春联为例，如：“幸福吉祥，花开富贵”，“山清水秀风光好，人寿年丰喜事多”，“一家和睦一家福，四季平安四季春”，“一帆风顺吉星到，万事如意福临门”，它们无不与喜庆吉祥、福寿平安相关，体现了民众祈福纳吉的愿望。服饰图案纹样中的吉祥类纹饰，也是这一传统的反映。

民间的吉祥观念，主要集中体现在“五福”上。所谓“五福”，指的是福、禄、寿、喜、财。福为幸福美满，也就是人们通常所说的“福气”“福分”“福运”等。禄，指高官厚禄，旧时“万般皆下品，唯有读书高”，只有读书才能金榜题名、飞黄腾达、光宗耀祖。寿，为高寿，长命百岁。喜，指喜庆，各种超乎寻常的吉祥如意之事都是喜事。财，指财富、金钱等。“五福”是民间的通称，春联中亦常见“五福”一词，如“人臻五福，花满三春”，“三阳临吉地，五福萃华门”。

吉祥纹饰自古就有，而以明清时期最为集中、多样，达到了“图必有意，意必吉祥”的地步。吉祥纹饰往往利用象征、寓意、比拟、表号、谐音、文字等方法，来表达其中所蕴含的思想含义。

象征。如石榴内多子，象征多子多孙；牡丹花形丰满、色彩娇艳，被诗人誉为“花中之王”“国色天香”“花中富贵”，故以牡丹象征富贵；莲花出淤泥而不染，故以莲花象征纯洁；葫芦和瓜瓞（小瓜）、葡萄，藤蔓不断生长，不断开花结果，象征子孙繁衍、长盛不衰【图5-6】；以松树、柏树、仙鹤、龟、万年青等象征高寿延年；以并蒂莲、鸳鸯、双飞燕象征夫妻恩爱、永结同心；以骏马象征人才；以虎象征勇气和胆魄；以宝鼎象征霸业；以蟠桃奇石和灵芝象征长寿；以梅兰竹菊象征君子；以龙、凤象征吉祥等。更多的则是通过几种事物组合来表达象征寓意，如以“丹凤朝阳”象征人们对光明未来和美好生活的真诚热爱和向往；以巨鼎、元宝、银锭、珊瑚、犀角等珍宝组成图案，寓意为“招财进宝”；以佛手、桃子和石榴三种果实组成“三

图5-6 清代瓜瓞绵绵纹女窄袄

图 5-7 明代“岁寒三友”纹妆花纱

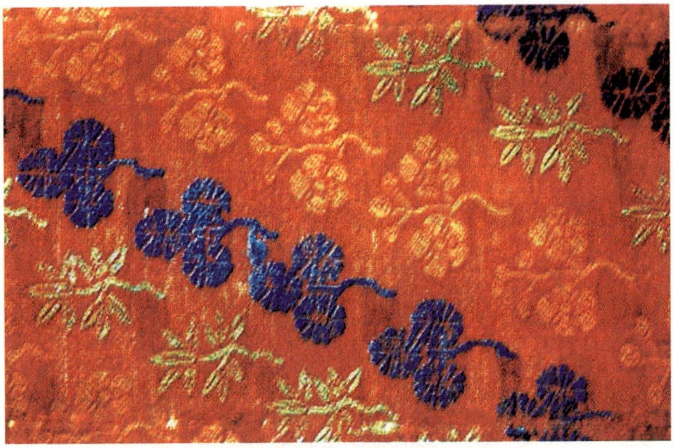

多纹”，寓意为多福多寿多子；以明清一品文官补服纹样仙鹤、水浪或朝日构成图案，寓意为“一品当朝”；以松、竹、梅三种耐寒植物构成图案，寓意为“岁寒三友”【图 5-7】；其他类似组合图案还有二龙戏珠图、望子成龙图、金龙玉柱图、龙凤呈祥图、鱼跃龙门图、麒麟送子图、比翼鸳鸯图、鹤鹿同春图、松鹤延年图、松柏长青图、佛教八宝图、道教八仙图等等。

谐音。例如：用蝙蝠谐音表达“福”的含义，用鹿谐音表达“禄”的含义，用桂花谐音寓意“贵”，用葫芦寓意“福禄”，用喜鹊寓意“喜”，以雄鹰寓意“英雄”，以麦穗寓意“岁岁”，等等。另外，还有将几种事物的谐音加以组合来表达各种寓意，如将百合、柿子、如意组合，寓意为“百事如意”【图 5-8】，将喜鹊、梅花组合，

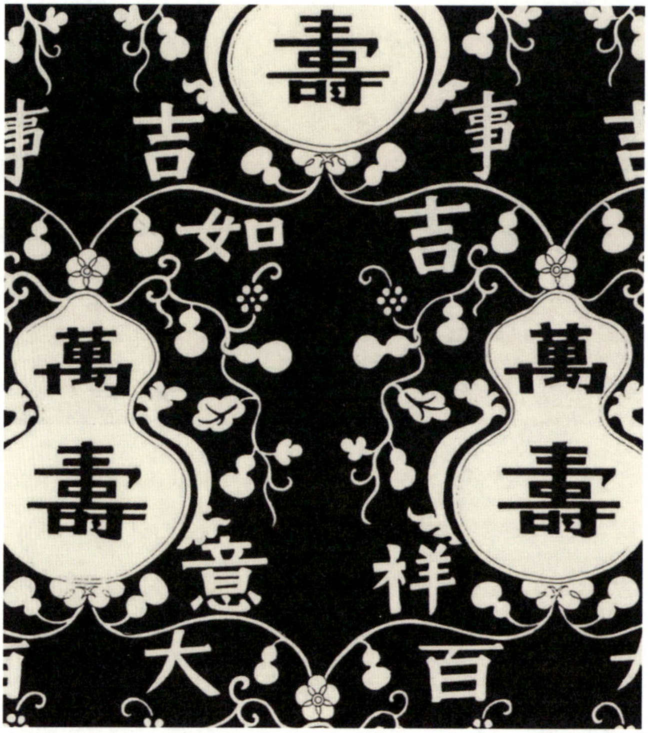

图 5-8 北京定陵出土明代万寿葫芦百事如意大吉纹

寓意“喜上眉梢”，将插在花瓶中的三支戟，寓意为“平升三级”，将花瓶和苹果组合，寓意“平安”，将猴子、蜜蜂和马组合，寓意“马上封（蜂）侯（猴）”，将五只蝙蝠和蟠桃组合，寓意“五福（蝠）捧寿”，将金戟、磬和玉如意组合，寓意“吉（戟）庆（磬）如意”，将三只羊和太阳组合，寓意“三羊（阳）开泰”，将花瓶里插牡丹、桂花，寓意“富贵（桂）平（瓶）安”，将娃娃、莲花和鱼组合，寓意“连（莲）年有余（鱼）”，将金鱼、池塘组合，寓意“金玉（鱼）满堂”，用鹌鹑、菊花、落叶组合，寓意“安居乐业”，用母猴背子猴寓意“辈辈封侯”，用一长枝花卉和九只鹌鹑寓意“长治久安”，以三个桂圆（或三个铜板）互相串联组成寓意“连中三元”，以五个童子夺一顶盔帽组成“五子夺魁”，以大小狮子组成“太师少师”，以三只公鸡组成“四世三公”，以鹊、鹿、蜂、猴等组成“爵禄封侯”，以鸡冠花、高冠雄鸡组成“官上加官”，以莲花、花生、桂花（或桂圆）、荔枝等组成“连生贵子”，以五株谷穗及宫灯、蜜蜂等组成“五谷丰登”，以莲花、鲤鱼组成“连年有余”，等等。

文字或符号。直接用文字或符号来表达吉祥的含义，这也是常见的一种方法。使用范围最广的首推“福、禄、寿”三字【图 5–9】，

图 5–9 北京定陵出土明代长寿图案

其他还有“金玉满堂”“风调雨顺”“寿山福海”“黄金万两”“富贵平安”“吉祥如意”等等；常见符号有万（萬）字纹、双钱纹、如意纹等等。

三　服饰禁忌

民间还有很多不成文的服饰禁忌。从衣服的材料质地看，古时有不能用帷帐布做衣服的说法。如汉代《风俗通义》云：“俗说帷帐不可作衣，令人病疠。”如果用给死者牌位或棺材用的帷帐就更不吉利了。做寿衣时，民间忌用缎子布料，恐有“断（缎）子绝孙”之虞。寿衣要用“绸子”制作，“绸子”寓意“稠子”，将来可多子多福。清代，在庄重的场合下，忌穿着亮纱做的服装。据《清稗类抄》云：“夏不得服亮纱，恶其见肤也，以实地纱代之，致敬也。”

在服装款式方面，民间有“男不露脐，女不露皮”的说法，特别是女性服装忌短小。上衣要盖住屁股，衣袖不露手腕，裤子裤脚要遮住脚面，这才显得文雅。否则，则是有伤风化。俗以为：“娘们儿肉，不能露。露一露，十年臭。”民间做寿衣时，衣服的袖子要长，须将手完全盖住，忌讳袖短露手。否则，据说将来儿孙要讨饭的。在山东一带忌衣服的下摆有毛边，说那是丧服的样式，恐不吉利。民间还忌讳男女服饰款式不分、男女不辨。男着女装更是大忌，古来被称作“妖服”，认为是不祥之服。

衣服穿戴不整，随随便便，在任何时候都是忌讳的。如人们忌讳帽子戴得不正，歪斜地扣在头上，俗话称“歪戴帽，狗材料”。那些衣冠不整、帽子歪戴的人被看成不务正业、不做正事、不能成材的人。反戴帽子也被认为是不吉利的。旧时，有死后反戴帽子的习俗，据清代《无何集》云：“毋反悬冠，为似死人服。”可见反悬冠也是凶相，所以禁忌之。

民间忌讳反穿衣，反悬冠。河南沁阳一带有“反穿罗裙，另嫁男人”的说法。孀妇改嫁时才反穿罗裙，若平时女人反穿罗裙，是不吉祥的。给死人穿寿衣时，往往先让孝子反面层层穿好，再剥下来一次穿到死者身上。因此，平日里特别忌讳反穿衣。否则，意味着诅咒亲人死去。还有的地方，家长为婴儿举行“洗三”仪式后，要给婴儿穿上小褂子，但同时又忌讳给其穿裤子。人们相信一百天之内的婴儿不穿裤子，如果遇到夭亡时能够腿脚灵敏迅速逃生，否则被裤腿绊住，到了阴间就再也回不来了。因此一般情况下家长都会让婴儿过满一百天后才给其穿上裤子。

另外，民间对衣物晾晒也有禁忌，不能随便。

民间忌讳将妇女和小孩的衣物在夜间晾置在室外，恐怕落到衣物上晦气、毒气或沾染上邪气。小孩的衣服还忌搭在高处，俗称三尺以上有“神仙”，恐伤害着小儿。

第六章　道器不离

衣冠服饰，既具有物质性，也具有精神性，外在有形的是物、是具象，内在无形的是精神、是抽象，物质与精神，具象与抽象，器与道，共同构成了服饰的文化属性，它们之间不可分离，如手心手背，是一体两面的关系。对于中国传统服饰文化而言，需要结合物质与精神两个方面，来把握它丰富多彩的内容；也只有道器结合，才能更深刻地认识传统服饰文化的特质。

第一节 具象之器

中国传统服饰有悠久的历史，从“黄帝尧舜垂衣裳而天下治”开始，一直到明清时期，至少历时5000年。它随着华夏文明的起源而诞生，并随之发展、完善。时代不同，服饰所表现出的形式和内容也各异，可谓精彩纷呈，令人目眩。然而，如果跳出历史的窠臼，以宏观视野纵览之，即可发现，中国传统服饰在数千年的发展史中，有变化的一面，更有不变的一面，具有极强的延续性，内在的结构非常稳定，无论怎么改朝换代，服饰文化长期保持着相同的模式。直到清末，这种自成一统的服饰体系才被打破。这种延续性、稳定性表现在哪些方面呢？其实还是不脱离物质与精神两个层面。从物质层面看，历代服饰的款式造型、色彩、纹饰图案和衣料等，表现出前后的连续性和一致性；从精神层面看，服饰的等级性、政治性、伦理道德性、审美艺术性等思想内涵与象征寓意，更是一以贯之。而这两方面的内容恰恰是能够体现出中国传统服饰文化特色所在的，值得我们格外注意。

中国传统服饰在款式造型、色彩、面料、图纹装饰、工艺等方面，都体现出独特的个性和文化特色。

中国传统服饰在数千年来的演变中，虽然有"上衣下裳"制、"深衣"制、"襦裙"制等形制，但始终有着形式上的系统性和传承性，各个时期的变化都是在这些服饰形制的基础上延伸、发展、变化。在款式上，具有宽松舒适、前开前合的基本特点；在造型上，以平面结构、直线裁剪和上下联属为基本特征。缝合时相重叠的裁片可置于同一平面，成衣后自然平摊仍为二维平面。这种款式造型，基本做法是以平面结构的衣片构成平面形态的服装来适应立体的人体。无论是广袖拂风的汉袍，还是长裙曳地、轻薄袒露的唐代大袖罗衫长裙，以及清代满族服饰，在结构上都是这种平面造型。其目的不是让服装来雕饰、突出人体，而是通过宽衣广袖、披帛、飘带等虚实变幻的装扮，使人衣着自由随意、不露形迹，从而掩盖人体特征。正如林语堂所言："中装与西装在哲学上不同之点就是，后者意在显出人体的线形，而前者则意在遮隐之。”

领、襟、裾、袂、祛、袖、衿、衽、带、系这10个部分也是构成传统服饰形态结构的重要方面。领指衣领；襟即衣襟，指衣服的胸前部分；裾指衣服的前后襟；袂，衣袖；祛，袖口；袖，衣袖；衿，服装下连到前襟的衣领；衽，衣襟；带，腰带；系，系带。传统服装的款式变化，主要集中在衣领、衣襟、衣袖及衣裾几个方面，其中尤以右衽、大襟、大袖、深衣为典型代表。束发右衽（衣襟向右掩）曾被当作华夏文明的标志，与“被发左衽”的蛮夷相区别，所以孔子说：“微管仲，吾其被（披）发左衽矣。”若无管仲尊王攘夷，中原地区的人就要被少数民族统治，华夏之地就会沦为蛮夷统治而“被（披）发左衽”。

一 色 彩

从现代物理光学角度来看，色彩，可分为无彩色和有彩色两大类。前者如黑、白、灰，后者如红、黄、蓝等七彩。有彩色就是具备光谱上的某种或某些色相，统称为彩调。与此相反，无彩色就没有彩调。色彩在中国传统服饰中的地位非常重要，因为中国传统服饰是以平面为特色，整体造型简洁、宽大，为了固定服装边缘而在大面积的衣身上加上与衣身色彩或和谐、或对比的色彩，来勾勒整件服装的边缘。服饰色彩讲究多种颜色交织而成的色彩状态，也追求色彩斑斓的效果，所以才有"彰施五色""黼黻文章"等传统说法。整体上看，中国传统服饰色彩是以彩调构成的装饰色彩体系，传统彩调的建立基础是由五行观念而推导的五色观念体系，整体色彩丰富而和谐。彩调的构成，不依赖光源，而是更注重颜色本身的色度品质。

一般在服饰上所用的色彩越多，工艺越繁复，就表明这件服饰越贵重，穿着它的人身份地位越高。在民间服饰的色彩运用中，协调色超过对比色，整体效果和谐，色调偏于凝重、古朴、沉稳，与"大红大绿"的鲜亮色调互补，相得益彰。

传统服饰色彩，彩调运用以黄色、红色最为典型，黄色高贵而威严，红色热烈而喜庆。无彩色的黑、白色，也是经常运用的颜色。

二　纹饰图案

传统装饰纹样与图案具有三方面的特色：一是以繁缛为美，服饰的纹饰越是繁缛，其审美价值越高，其所标志的爵位、官职也越高。二是追求纹饰色彩斑斓的效果，注意装饰纹样的色彩与服饰底色的搭配与和谐。三是强调装饰图案的象征作用，如前所述，这里不做展开。

服装图案纹样丰富多彩，飞禽走兽、奇花异卉、楼台亭榭、几何纹样都是它的题材内容，世间万物都可以拿来作为装饰，其中以团花、龙纹、云纹、几何纹等为常用图案。装饰纹样要求美与内容吉利的统一，这也是我国传统服饰的特色。

三　服饰制作工艺

中国传统服饰是以平面二维为特色，所以在工艺手段上也是突出这种平面特色的。工艺多是在衣身上进行平面装饰的手法，如绣、盘、绲（滚边）、镶、嵌、手绘等，都是制作出平面的效果，而不是像西方服饰那样用立体的装饰工艺如荷叶边、褶裥、切口等手法做出立体效果。

四　丝　绸

丝绸在中国服饰文化中占有至关重要的地位，如果要理解传统服饰文化的特质，就必须要了解丝绸及其文化。丝绸是中国人首先发明的，在很长一段时期内，只有中国人使用丝绸作为衣料。从纺织原料使用的角度来看，古代世界可以划分为四个纺织文化圈：以印度为代表的南亚地区，该地区的特征是使用棉纤维；地中海地区，包括欧洲、西亚和北非，主要的纺织纤维为亚麻和羊毛；美洲新大陆纺织文化圈，使用羊毛和棉花作纺织纤维；东亚地区纺织文化圈，以中国的黄河流域和长江流域为代表，这一地区虽然也有使用葛、麻的情况，但其突出特点是使用丝纤维。中国丝绸，以鲜明的个性独立于世界纺织文化之林。

在古代中国，丝绸不是一种最基础的衣料，但它绝对是一种最重要的衣料，丝绸服饰是中国服装历史的骄傲。丝绸服饰历来是王公贵族奢侈生活的必需，这导致了官营织造的精工细作，产品向高档化发展。中国的丝绸生产技术在相当长的历史时期内，一直处在世界前列。桑树栽培技术、织造技术、织绣艺术的不断革新，以及无数能工巧匠的创造发明，推动着丝绸技术水平的不断提高。五千年来，中国丝绸抒写了光辉灿烂的篇章，在艺术、技术上达到了惊人的高度，品类之丰富，质地之精良，图案纹样之精美，工艺织法之精湛，都令人叹为观止。中国服饰的精粹在丝绸，传统服饰的发展史以丝绸及其制品为导向，这是毋庸置疑的。

丝绸及其文化意义不仅仅限于服饰领域，它还是中华文明的重要标志，和华夏文明的历史进程息息相关。全世界的田野考古已经证明，以中国为代表的东亚文明在文化方面之所以区别于世界，实际上靠的是古代中国特有的玉文化、漆文化、瓷器文化和丝绸文化。这四类文化构成了古代中国文化的四大特质。丝绸也一直是中华民族文明的先导。在从原始狩猎文化走向农业文化的进程中，我们的祖先发明了养蚕治丝和植麻采葛，从而用丝绸和夏布做成了衣服，解决了衣食住行中的重要问题。传统社会中，农桑一直是维系国家生存、社会发展的命脉。早在战国时期，我国就形成了“农桑为本”的观念。宋末明初，中国的丝织印染最早从家庭手工业向集镇作坊过渡，从而促进了中国商品经济的发展。明清时期，我国江南水乡的集镇文化迅速兴起，这又与江南水乡丝绸经济的繁荣不无关系，所谓“无丝不成镇”。19 世纪末 20 世纪初，中国的现代民族工业在风雨飘摇中开始了艰难的跋涉，而丝绸工业又成为中国现代民族工业的先驱。

丝绸及其文化渗透在民间生产与社会生活的许多领域，具有丰富的民俗文化内涵。中国蚕农崇拜蚕神，而且蚕神众多。旧时的蚕桑生产习俗中有不少禁忌，印染丝织行业也有不少行规。中国人的许多习俗被打上了丝绸文化的烙印，岁时习俗、社会习俗和人生礼仪习俗都与丝绸文化有关，养生送死、节日盛装、贺礼送情，常常要以丝绸为媒介。

中国丝绸对世界文化具有重要意义。丝绸或许是中国对于世界物质文化最大的贡献之一，其意义甚至不亚于中国的“四大发明”。四大发明中的造纸术和印刷术的发明，都与中国古代发达的丝绸文化有关。汉代人从废丝利用中受到启示，发明了造纸术；宋代人从前人丝绸印染方面的凸版印刷中得到启发，发明了活字印刷术。世界最初了解中国,就是因为中国有丝绸。

在古代中国出口商品中，丝绸占重要地位。以丝绸为先导，形成了影响世界文明进程的“丝绸之路”。关于“丝绸之路”，通常指的是汉代张骞出使西域后打通的“陆路丝绸之路”，这条商道将中国、中亚和欧洲地中海各国连接在一起。通过丝绸之路，中国的丝绸源源不断地经甘肃、新疆传入西亚、欧洲，而外国的货物和文化也随之传入中国。广义的丝绸之路，则还包括这三条商路：一是于公元前 5 世纪形成的草原丝绸之路，它是汉代以前中国丝绸外传的主要途径。如在新疆乌鲁木齐鱼儿沟，苏联阿尔泰山区巴泽雷克的游牧民族墓葬中都发现过战国时代的中国丝织品。二是南方丝绸之路，从川滇通往天竺（古印度）、中亚和西亚。三是海上丝绸之路，秦汉时期形成，宋元以来发挥巨大作用，其分为东海起航线和南海起航线，从东海区域起航的，主要是航行朝鲜和日本，南海起航线，其覆盖面广阔，一直通到非洲。所以，丝绸之路是一条遍及欧亚大陆，甚至包括北非和东非在内的长途商业贸易和文化交流线路，它既是中国与世界物资交流的渠道，又是文化交流的桥梁。

中国丝绸的向外传播，对世界各地的服饰

图 6-1 酒神的狂女迈那得斯身着丝绸外衣

该壁画现存于意大利那不勒斯博物馆

与文化都产生了重要影响。从公元前 5 世纪起，中国的丝织品开始传到西方【图 6-1】。据西方史书记载，古罗马的恺撒大帝（约前 102—前 44）穿着中国的丝绸袍服去看戏，致使全场的人都不看戏，而争先恐后观看那件丝绸衣。罗马帝国时代，中国制造的丝绸通过波斯大量地进入罗马市场，立刻风靡起来，罗马贵族对中国丝绸大为赏识，不惜高价竞购，甚至导致丝绸与黄金等重同价。大约公元 6 世纪左右，欧洲人才懂得蚕丝并非产于树上，开始引进家蚕蚕种和饲养技术，建立起自己的蚕桑丝绸生产。蚕桑技术传入欧洲，还有一段轶事，据欧洲史书记载：在查士丁尼大帝时代，有两个僧人自中国回到罗马，私自藏匿蚕卵于竹杖之中，持杖行路，状如进香游客。虽然当时中国严禁输出蚕桑，但终无人料及，致使蚕卵被窃往君士坦丁堡。从此，欧洲始有蚕业之兴起。

东亚的朝鲜和日本，由于紧挨中国，两国的丝绸业和丝绸文化，所受中国的影响更是深广。蚕桑技术传入朝鲜，历史久远，据《汉书·地理志》记载："殷道衰，箕子去之朝鲜，教其民以礼仪、田蚕织作。"表明早在殷商时期，我国的蚕桑技术可能就传到了朝鲜。在朝鲜平壤附近发掘的汉墓中，曾经出土了大量绢、罗等丝织品，这是中国丝绸早在汉代以前就已传入朝鲜的实物见证。7 世纪朝鲜史上的三国鼎立时期，朝鲜半岛上的蚕桑丝绸生产分布已经很广，新罗国王每年如中国皇帝一样行躬耕之礼，皇后亲蚕的礼仪也如出一辙。根据典籍记载，汉代以来，日本与中国的交往日益紧密，中国的丝织技术源源不断地传至日本。日本非常重视学习丝织技术，并加以创新。奈良时代（710—784），日本丝织业渐趋繁荣，织物的品种、质量和织造技法等都呈现飞跃发展之势，取得长足进步。唐代诗人李白在《送王屋山人魏万还王屋》一诗中提到“身着日本裘，昂藏出风尘”，李白自注言“裘则朝卿所赠，日本布为之”。朝卿即日本著名学者阿倍仲麻吕，可见日本当时织物在一定程度上也得到了中国人的喜爱。直到今天，日本有些丝织物仍沿用汉名，如绫、绸、罗等，这些汉名都是在唐代传播过去的。中国传统的衣冠制度也影响了日本【图 6–2】。6 世纪末、7 世纪初，辅助推古天皇处理朝政的圣德太子为整顿纷乱的氏族政治，参酌中国的礼仪政治，推行一系列重大的国政改革，其中重

图 6–2 日本孝明天皇（1831—1867）礼服，取法中国冕服的章纹

要的一项即是制定宫廷的衣冠。他于推古女皇十一年（603），颁布《冠位十二阶》，一改姓氏相传的旧式官制，建立起新的官僚制度。这种制度的具体做法是，用十二种颜色（紫、青、赤、黄、白、黑的浓淡两色）的帽子来区别官位的高低。同时以中国儒家的伦理标准来称呼官衔，即在仁、礼、信、义、智这“五常”之上加以德，再各分“大”“小”，从而组合成从上到下依次是大德、小德（紫），大仁、小仁（青），大礼、小礼（赤），大信、小信（黄），大义、小义（白），大智、小智（黑）十二级官衔，各按阶位用冠，这明显具有中国隋代服饰制度的特点。其后位阶几经变化，最终形成了四十八级。①

东南亚、南亚各国人民古代所穿的“干漫”（即筒裙），就是中国丝绸缝制的。根据《通志》记载，三国时期，古扶南国（今柬埔寨以及老挝南部、越南南部和泰国东南部一带）国人还是裸体习俗，只有妇女盘头。后来随着中国布帛的传入，落后的裸体习俗终被改变，开始穿上了“干漫”。直至今日，中国丝绸仍是东南亚、南亚各国人民缝制筒裙时的上选用料。在缅甸，男人们喜欢戴丝绸制的“岗包”（帽子），成为一种民族服饰。

总之，中国传统服饰以宽松舒适的款式、丰富的装饰色彩、自然柔润的丝绸面料等为主要特征。

① 严勇：《古代中日丝绸文化的交流与日本织物的发展》，《复印报刊资料·经济史》2004年第2期。

第二节 抽象之道

中国传统服饰文化的政治属性和艺术属性都非常突出，值得我们关注。

一 政治属性

以礼为中心的儒家文化是中国传统文化的主流，在社会治理方面，强调礼治、德治，认为理想的社会秩序应该是等级分明而又温馨和谐的。中国传统文化的这一特质在服饰上有着集中的体现，传统服饰的等级性、政治性、伦理道德性等意涵非常鲜明突出。

唐代学者孔颖达在解释何谓“华夏”时，曾谓：“中国有礼仪之大，故称夏；有服章之美，谓之华。”将礼仪与服章并列对举，视为华夏文明的核心。这种观点在传统文化中是很典型的，它其实反映的正是一种以礼为中心的中国传统文化的思维模式。正如现代学者刘志琴所总结的：

> 每一种文化都具有自己的模式，中国传统文化模式表现为以礼为中心的一系列的意识形态和社会制度，它以血缘为纽带，以等级分配为核心，以伦理道德为本位，渗透政治、经济、文艺、教育、人际交往、道德风尚、社会生活的各个领域，从权力财产的分配到日用器物的消费，几乎无所不在。[①]

正因为中国的传统重视礼，所以服饰受到格外的重视。《礼记》中的这段话很典型地反映了服饰与礼仪两者之间的关系：

> 凡人之所以为人者，礼义也。礼义之始，在于正容体、齐颜色、顺辞令。容体正，颜色齐，辞令顺，而后礼义备。以正君臣、亲父子、和长幼。君臣正，父子亲，长幼和，而后礼义立。故冠而后服备，服备而后容体正、颜色齐、辞令顺。故曰“冠者，礼之始也”。

在传统文化中，服饰可以说是“礼”的一种重要的载体，礼的各种丰富意涵都被投射在衣冠之中，服饰不只是遮身蔽体的实用品，更是

① 刘志琴：《衣冠之治的解体和思想启蒙》，《近代中国社会生活与观念变迁》，北京：中国社会科学出版社，2001 年，117 页。

充满了象征与寓意，这构成了传统服饰文化的鲜明特点。礼的主要意涵有哪些?“礼辨异”，礼是用来区别等级的，具有等级性；以礼治国，历代礼制完备，礼具有政治性；“礼义之始，在于正容体、齐颜色、顺辞令”，礼要从日常修身开始，存在于日常生活的每个细节之中；“礼者，德之文也”，礼具有道德性；“礼序人伦”，社会秩序是礼的最高要求，人伦是社会秩序的基础，礼用以维护社会秩序上的人伦和谐，礼的伦理性不言而喻；礼是“华夷之辨”的关键，是区辨华夏与蛮夷的标准……因此，在中国文化传统中，衣冠服饰成为集政治、伦理、道德、等级、地位、民族等为一体的符号象征。

中国古代社会等级森严，各阶层的成员，从衣食住行到穿衣戴帽，都有严格的等级规定，不可随便逾越，衣冠服饰成为“昭名分，辨等威”的重要工具。等级差别通过服饰的质料、颜色、纹样、佩饰等来体现，形制款式、服色、纹样等都有其社会地位的象征与寓意。到周代，衣冠制度已形成，开启后来历代王朝“衣冠之治”的政治传统。上至天子，下至庶民，无论贵贱尊卑，都应穿着相应的服饰，如果僭越就会遭受惩处。

服饰不仅关乎治国，也关乎修身。以服饰象征道德，使穿着与道德教化统一，这是中国传统服饰文化突出的特点。荀子认为，应该通过服饰上的繁缛修饰来彰显一个人的美德，并通过这种盛装让他保养住这种美德。他说："诚美其德也，故为之雕琢、刻镂、黼黻、文章以藩饰之，以养其德也。"（《荀子·富国篇》）晋代傅玄《衣铭》也指出："衣服从其仪，君子德也。衣以饰外，德以备内，内修外饰，礼有制也。"内在之德与外在之衣应该是相得益彰，互相配合的。唐代孔颖达也认为："衣服文章，所以表人之德，亦劝人慕德。"（《礼记正义》）

服饰是个人德行的象征，因此服饰具有道德教化的功用。董仲舒在《春秋繁露》里说："凡衣裳之生也，为盖形暖身也。然而染五采（彩）、饰文章者，非以为益肌肤血气之情也，将以贵贵尊贤，而明别上下之伦，使教亟行，使化易成，为治为之也。"衣裳原本为了实用，加以五彩修饰的目的，是为了区分等级，推行教化，便于统治。服饰的道德教化作用，主要表现在两方面：其一，穿在自己身上的衣物，能够起到自我教化作用，它能时时刻刻提醒自己在社会中的身份、角色，约束自己的言行，制约个人的嗜欲。如《荀子》引孔子言，"资衰苴杖者不听乐，非耳不能闻也，服使然也，黼衣黻裳者不茹荤，非口不能味也，服使然也。"穿着丧服、撑着孝棍的人不听音乐，并不是耳朵不能听见，而是身穿丧服使他们这样的。穿着祭祀礼服的人不吃荤菜，并不是嘴巴不能品味，而是身穿祭服使他们这样的。这正是说的服饰对人所具有的约束作用。其二，服饰是穿在人身上的，人人可见，在上位者身穿的官服，就像一本生动的教材，民众在耳濡目染之间，就会逐渐认同、内化，从而达到了教化的目的。

服饰的象征意味与道德教化功能，在佩饰上都有体现，以佩玉为例，据《荀子·法行篇》记载，子贡曾向孔子问玉，孔子回答说：不是因为玉少而珍贵，而是因为“君子比德于玉焉”。玉色温润而光泽，是“仁”；玉体密致而刚坚，是“智”；玉虽有棱而不伤割于物，是“义”；玉体下坠谦恭卑下，是“礼”；玉声清冷悠远，是“乐”；玉的瑕瑜互不掩盖，是“忠”；玉的彩色都表现于外，是“信”。因此，玉佩是君子最重要的服饰之一，没有特殊原因时必须佩玉。行走时，组佩相碰会“锵鸣”，君子听到玉鸣的“正声”，就不会产生邪念。

在传统的社会及家庭教育中，服装行为规范被看作是人修身的一个重要内容，在童蒙教育中就开始强调服饰穿戴了。朱熹在《童蒙须知》里提到：“夫童蒙之学，始于衣服、冠履，次及言语、步趋，次及洒扫、涓洁，次及读书、写文字及有杂细事宜，皆所当知。”强调儿童教育要从衣服冠履开始。又说："大抵为人，先要身体端正。自冠巾、衣服、鞋袜，皆须收拾爱护，常令洁净整齐。我先人常训子弟云：'男子有三紧，谓头紧、腰紧、脚紧。'头，谓头巾，未冠者，总髻。腰，谓以条或带，束腰。脚，谓鞋袜。此三者，要紧束，不可宽慢，宽慢，则身体放肆，不端严，为人所轻贱矣。凡着衣服，必先提整衿领，结两衽，纽带，不可令有缺落。饮食照管，勿令污坏。行路看顾，勿令泥渍。凡脱衣服，必齐整折叠箱箧中，勿散乱顿放，则不为尘埃杂秽所污。仍易于寻取，不致散失。着衣既久，则不免垢腻。须要勤勤洗浣。破绽，则补缀之。尽补缀无害，只要完洁。"对日常穿衣戴帽的生活细节都有严格规范。

二 艺术属性

从艺术审美的角度看，服饰既是一门装饰艺术，也是一门视觉艺与造型艺术。有人将历代服饰的艺术风格概述为：商代"威严庄重"，周代"秩序井然"，战国"清新"，汉代"凝重"，六朝"清瘦"，唐代"丰满华丽"，宋代"理性美"，元代"粗壮豪放"，明代"敦厚繁丽"，清代"纤巧"。其实无论怎样变化，传统服饰艺术内在的共性也是相当明显的。那就是以含蓄、自然、和谐为美，重意不重形，追求外在之美与内在之善的统一。这些特点，正是在中国传统思想和美学精神的影响下形成的，与其他艺术形式，如绘画、书法、建筑等都具有共通性。

中国传统思想中，以儒、道两家思想对传统服饰审美的影响最大。儒家对服饰的审美观最典型的是“文质彬彬”，语出《论语》：“质胜文则野，文胜质则史，文质彬彬，然后君子。”文指文华，质指质朴，大意是文华质朴配合得宜。在儒家的语境中，可以认为，文指一个人服饰的美，质指一个人资质的美。什么是个人美质呢？孔子曾经批评士人五种“失其美质”的行为，包括“势尊贵者”不爱民行义而“暴傲”，“家富厚者”不救贫赈穷而“侈靡无度”，“资勇悍者”不保卫君主奋力攻战而“侵凌私斗”，“心智慧者”却不正正当当出点好主意而“事奸饰诈”，“貌美好者”不治理政事接近民众而“蛊女纵欲”（《韩诗外传》卷二）。可见，孔子认为贵而能义，富而能仁，勇而能忠，智而能端，貌美而能正，都属于“美质”。凡有这些美质的人，再加之以美的服饰，就是文质彬彬的君子。凡“失其美质”的人，即使穿戴华丽的服饰，总归是“文胜质”，算不得君子。儒家重视服饰美，也重视资质美。[①]这种审美观，其实追求的是外在之美饰与内在之美德的统一，美与善的统一。屈原《离骚》有“纷吾既有此内美兮，又重之以修能（一本作‘态’）”的诗句，正是这种内外

① 王维堤：《衣冠古国：中国服饰文化》，上海：上海古籍出版社，1991 年，第 48—49 页。

兼修之美的体现，与儒家思想相互呼应。当然，儒家在服饰上文质统一的审美观，是受“礼”制约的，完全是以等级观念为基础的，所以荀子强调，“修冠弁衣裳，黼黻文章，雕琢刻镂，皆有等差。”（《荀子·君道》）在上位者就应该穿盛服，特别“为人主上者”，不美不饰，就“不足以一民”（《荀子·富国》），更应该享用最美的服饰。

道家主张“虚静恬淡”，追求人身心的自由、无拘束，反映在服饰审美上，追求一种“大巧若拙”“大朴不雕”的自然之美或天然之美，所谓“清水出芙蓉，天然去雕饰”是也，也追求一种“天地有大美而不言”的“大美”，即与虚静无为、淡泊名利的着装人的人格精神浑然一体的“大气之美”。老子谓“甘其食，美其服”，自然不是那种“五色令人目盲”之美，而是浑然天成、素朴自然之美。道家的这种审美观念在魏晋时期的士大夫身上体现得非常充分，他们品评人物常超越儒家名教，倾向于不重文饰，而着重人的风姿、风采、风度、风韵。如《世说新语》中评论王羲之：“飘如游云，矫若惊龙”；评王恭：“濯濯如春月柳”等等。多着眼于人的内在气质上，对外在的服饰，不甚关切。特别是这则例子更为典型：“裴令公有俊容仪，脱冠冕，粗服乱头皆好，时人以为玉人。”（《世说新语·容止》）

“粗服乱头”的裴令公竟然被视作“玉人”，这与儒家“文质彬彬”的审美观完全是相反的。道家的审美观给中国古典美学，带来了一种别开生面的审美意识和审美态度，成为儒家美学的一种补充。

传统服饰在这些思想的影响下力求含蓄、稳重、平静，重视内在的道德美、品格美。和其他中国古代艺术一样，传统服饰在整体上也是追求气韵和意境的。中国古代宇宙观强调“天人合一”，“人法地，地法天，天法道，道法自然”，向往人与天地自然浑然一体。传统服饰外观形态也崇尚自然，造型单纯简洁，线条流畅飘逸，宽松舒适的款式，使人衣着自由随意、不露形迹，从而掩盖人体特征。通过宽衣广袖、披帛、飘带等虚实变幻的装扮，产生一种人与自然的和谐呼应。西方服饰艺术追求的是人体美、客观形式美，而中国传统服饰艺术追求“得意忘形”，追求“无形之形”，形而上的风度、风韵和风范才是最重要的。整体风格藏而不露，具有抽象、写意的特点，如同传统的中国画一样追求气韵生动、意到笔不到、亦虚亦实。这种美，不像西方艺术那样让人一目了然，而需要沉静下来慢慢品味。它带有理性的超然，兼具形与神的和谐。

中国丝绸最能体现传统服饰的艺术特性。

丝绸平滑、细腻、光亮、柔软，作为服装面料，具有高贵、精致、光洁的外观，由于传统服饰重在遮掩人的形体，通过宽松并具悬垂感的风格追求飘逸之韵，丝绸面料正好符合了这一点【图 6–3】。正如有人所描绘的那样：

> 中国传统服装多用丝绸缝制而成，中国丝衣以独特的面料质感与剪裁方式使人在无风处静立时，服装就会形成繁而不乱、圆润、婉转而连绵不断的衣褶。再加上装束中所搭配的披帛、悬挂佩饰的丝绦、袍带、裙带等，整体形象在流动的线条中呈现出儒雅之态。而人在行动或处于微风中时，那“飘若游云，矫若惊龙”的服饰形象又符合了庄子神驰千里式的浪漫情怀。[①]

图 6–3 唐代周昉的《簪花仕女图》

① 苏洁:《颠覆的时尚——浅析丝绸服饰中的解构主义》,《服装设计师》2006 年第 3 期。

参考文献

1. 周锡保：《中国古代服饰史》，北京：中国戏剧出版社，1984 年。

2. 沈从文：《中国古代服饰研究》，上海：上海书店出版社，2003 年。

3. 黄能馥，陈娟娟：《中国服饰史》，上海：上海人民出版社，2004 年。

4. 高春明：《中国历代服饰艺术》，北京：中国青年出版社，2009 年。

5. 赵翰生：《中国古代纺织与印染》，北京：商务印书馆，1997 年。

6. 华梅：《中国服饰》，北京：五洲传播出版社，2004 年。

7. 赵丰：《中国丝绸通史》，苏州：苏州大学出版社，2005 年。

8. 张志云：《明代服饰文化研究》，武汉：湖北人民出版社，2009 年。
9. 姚伟钧，张志云：《楚国饮食与服饰研究》，武汉：湖北教育出版社，2012 年。
10. 常建华：《岁时节日里的中国》，北京：中华书局，2006 年。
11. 刘克祥：《棉麻纺织史话》，北京：社会科学文献出版社，2011 年。
12. 赵连赏：《服饰史话》，北京：社会科学文献出版社，2011 年。
13. 王炜民：《中国古代礼俗》，北京：中国国际广播出版社，2010 年。

后　记

我们常说中国文化博大精深，绵延数千年的中国传统服饰文化何尝不是如此。服饰文化的内容和形式，具象与抽象，几乎每一方面都可成专门之学。仅以服饰形制为例,历代名目之繁杂，形制之多样，令人目眩。多少专家考文征献，搜访文物，殚精竭虑，以探求其真相与原委。写这样一部介绍中国传统服饰的书籍，看似简单，实则不然。

本书没有采用当下最常见的写作方式——以朝代历史为主线介绍中国传统服饰，而是根据服饰文化的特点，采用专题的形式进行叙述，希望借此让读者获得较为系统的中国传统服饰的知识结构。为了增强读者对传统服饰的直观感受，本书采用了大量的服饰图片。

中国服饰文化博大精深，纸短言长，自然

非本小书所能涵盖。且囿于本人知识结构的偏颇，自然会有挂一漏万及错误不当之处，欢迎识者批评指正。

感谢丛书主编及编委会诸先生对本书初稿提出的中肯意见，也感谢齐秀娟、胡新编辑的精心编辑！

张志云于武汉
2016 年 10 月